アコースティック・エミッション（AE）による IoT/AIの基礎と実用例

アコースティック・エミッション（AE）によるIoT／AIの基礎と実用例
編著：京都大学経営管理大学院 特命教授　湯山茂徳
共著：日本フィジカルアコースティクス（株）代表取締役社長　西本重人
　　　産業総合技術研究所　安藤康伸

＜ 目　次 ＞

第1章	序論	1
	1.1　はじめに	2
	1.2　IoT、ビッグデータ、およびAI	4
	1.3　IoTに用いられるセンシング技術としてのAE	6
第2章	アコースティック・エミッション（AE）の基礎	9
	2.1　AEの発生原理と解析法	10
	2.1.1　一次AE発生源	10
	（1）地震とAEの類似性と相違点	10
	2.1.2　地震とAEの理論	12
	2.1.3　AE解析の2方面	13
	2.1.4　AEの発生と伝播	14
	（1）AE発生源のモデル	14
	（2）AE波の伝播	16
	（3）AE波の減衰	17
	（a）拡散損失	17
	（b）減衰の原因	18
	（c）減衰曲線の実例	19
	2.1.5　実測されるAE波形	20
	2.1.6　AEパラメータ解析	21
	（1）AE特徴パラメータとその情報	21
	2.1.7　AE源の位置標定	25
	（1）信号到達時間差法	25
	（a）原理	25
	（b）標定誤差	27
	（2）ゾーン標定法	28

　　　　（3）信号到達順位法　　　　　　　　　　　　　　　28
　2.2　AE 計測装置　　　　　　　　　　　　　　　　　　30
　　2.2.1　はじめに　　　　　　　　　　　　　　　　　　30
　　2.2.2　AE センサ　　　　　　　　　　　　　　　　　30
　　　（1）AE センサの特徴　　　　　　　　　　　　　　30
　　　（2）圧電型 AE センサ　　　　　　　　　　　　　　31
　　　　（a）原理　　　　　　　　　　　　　　　　　　31
　　　　（b）圧電素子の性質　　　　　　　　　　　　　32
　　　　（c）圧電型センサの構成　　　　　　　　　　　33
　　　　　（ⅰ）共振型センサ　　　　　　　　　　　　34
　　　　　（ⅱ）広帯域センサ　　　　　　　　　　　　34
　　　　　（ⅲ）特殊なセンサ　　　　　　　　　　　　35
　　　（3）AE センサの感度校正　　　　　　　　　　　　36
　　　（4）AE センサの計測周波数帯域の選択　　　　　　37
　　2.2.3　AE 計測装置　　　　　　　　　　　　　　　38
　　　（1）基本構成　　　　　　　　　　　　　　　　　38
　　　（2）歴史　　　　　　　　　　　　　　　　　　　39
　　　（3）多チャンネルパラメータ解析 AE システム　　41
　　　（4）ディジタル AE 計測システム　　　　　　　　42
　　　（5）専用機　　　　　　　　　　　　　　　　　　44
　　　　（a）リーク（漏洩）モニター　　　　　　　　44
　　　　（b）構造物診断専用装置　　　　　　　　　　44
　　　　（c）IoT 用 AE 計測装置　　　　　　　　　　　44
　　2.2.4　まとめ　　　　　　　　　　　　　　　　　　48
　2.3　AE による材料評価試験　　　　　　　　　　　　　49
　　2.3.1　荷重の負荷方法　　　　　　　　　　　　　　49

2.3.2	外部入力データのサンプリング方法	50
2.3.3	データ解析事例	51
2.3.4	腐食評価試験	54
	(1) はじめに	54
	(2) 腐食損傷に起因するAE発生源	54
	(3) すきま腐食およびSCC発生の検知	56
	(4) 腐食疲労 (CF) のAEモニタリング	58
	(5) AE発生源とそのエネルギーレベル	59
2.4	構造物のAE試験	61
2.4.1	はじめに	61
2.4.2	金属製構造物のAE試験	62
	(1) 高圧ガス貯蔵容器	62
	(2) ポリエチレンプラントにおけるチューブ反応器のAEによる健全性評価	62
	(3) パイプライン	64
	(4) 配管の腐食損傷診断	64
	(a) 地上配管	64
	(b) 地下埋設配管	67
	(c) 原油貯蔵設備の配管	68
2.4.3	コンクリート構造物のAE試験	70
	(1) 桟橋のAE試験	70
	(2) 高速鉄道橋の損傷評価	72
2.4.4	航空機へのAE試験適用	73
	(1) 飛行中のAEモニタリング	73
	(2) F-111戦闘爆撃機のAE試験	75
	(3) F15戦闘機の疲労試験におけるAE計測	76
	(4) 航空機の加齢化対策としてのAE法の適用	76
	(5) 複合材料とAE	77
2.5	設備診断	79
2.5.1	軸受、歯車、ポンプ	79
2.5.2	金型加工の製造工程管理	82
2.5.3	射出成型時のクラック検出	83
2.5.4	メカニカルシール	84

2.5.5　エレベータ・エスカレータ　　　　　　　　　　　　　　　　86
　　　　　（1）エレベータ　　　　　　　　　　　　　　　　　　　　　86
　　　　　　　（a）軸受、歯車　　　　　　　　　　　　　　　　　　88
　　　　　　　（b）主軸　　　　　　　　　　　　　　　　　　　　　89
　　　　　　　（c）ロープ　　　　　　　　　　　　　　　　　　　　91
　　　　　（2）エスカレータ　　　　　　　　　　　　　　　　　　　93
　　　　　　　（a）駆動チェーン、踏段チェーン、スプロケット　　　93
　　　2.5.6　変圧器の部分放電へのAE試験の適用　　　　　　　　　　96

第3章　AI（機械学習）の基礎　　　　　　　　　　　　　　　　　101
　3.1　はじめに　　　　　　　　　　　　　　　　　　　　　　　　102
　3.2　AIによるAEデータ処理の例　　　　　　　　　　　　　　　102
　3.3　AIを導入する前に考えるべきこと　　　　　　　　　　　　105
　　　3.3.1　情報科学市民権の獲得　　　　　　　　　　　　　　　106
　　　3.3.2　課題設定　　　　　　　　　　　　　　　　　　　　　106
　　　3.3.3　AI技術導入のための第一歩　　　　　　　　　　　　　107
　3.4　AIによる予測の仕組み　　　　　　　　　　　　　　　　　108
　　　3.4.1　予測（回帰）モデル　　　　　　　　　　　　　　　　109
　　　3.4.2　損失関数と正則化　　　　　　　　　　　　　　　　　110
　　　3.4.3　交差検証　　　　　　　　　　　　　　　　　　　　　112
　　　3.4.4　モデル回帰のベイズ統計による定式化　　　　　　　　113
　3.5　AIによる分類の仕組み　　　　　　　　　　　　　　　　　116
　　　3.5.1　教師あり学習と教師なし学習　　　　　　　　　　　　118
　　　3.5.2　類似度と特徴空間　　　　　　　　　　　　　　　　　119
　　　3.5.3　低次元特徴空間を構成するための主成分解析　　　　　120
　　　3.5.4　K-means法による分類　　　　　　　　　　　　　　　123

第4章　IoTの適用実例　　　　　　　　　　　　　　　　　　　　127
　4.1　スマート工場におけるIoT　　　　　　　　　　　　　　　　128
　　　4.1.1　絞り加工　　　　　　　　　　　　　　　　　　　　　129
　　　4.1.2　研削加工　　　　　　　　　　　　　　　　　　　　　130
　　　4.1.3　特殊材料　　　　　　　　　　　　　　　　　　　　　132
　　　4.1.4　まとめ　　　　　　　　　　　　　　　　　　　　　　133

4.2	スマートコンビナートにおける IoT	134
4.3	インフラ構造物の IoT	137
4.3.1	岩盤斜面のモデム通信による遠隔連続モニタリング	137
4.3.2	吊り橋のインターネット モニタリング	139
4.3.3	PC（プレストレスト）橋の IoT	142
4.4	スマートグリッド（送電施設）の IoT	145
4.5	ガス・蒸気タービンの IoT	146
4.6	風力発電施設の IoT	149
4.7	海洋構造物の IoT	153
4.8	原子力発電所の IoT	154
4.9	宇宙構造物（ロケットモーターケース）の IoT	155
4.10	無線 AE システム	157

第5章　AI の適用事例（データベースの構築と評価・フィードバック） 161

5.1	スマート工場	162
5.2	MONPAC 解析・評価	164
5.2.1	背景	164
5.2.2	適用実例	165
	（1）ステンレス製円筒容器の加圧試験	165
	（2）球形ホルダーの加圧試験	166
	（3）ステンレス製反応容器	166
	（4）横置エチレン貯曹	168
	（5）プロセスユニット	168
	（6）貯蔵タンク側板	169
	（7）高圧配管	169
5.3	TANKPAC 解析・評価	170
5.3.1	はじめに	170
5.3.2	タンク底板の AE 試験	171
	（1）歴史的経緯	171
	（2）世界の適用状況	171
	（3）規格化の動向	172
	（4）AE 試験の実施	172
	（a）試験原理	172

		(b) 欧州の適用例		173
		(c) 判定基準		175
	(5)	我国における適用実例		177
		(a) 小型ガソリンタンク		178
		(b) 国家備蓄原油タンク		179
		(c) AE波の伝播試験		179
	(6)	検討		182
		(a) AE発生源		182
		(b) AE計測時における環境雑音の影響		182
5.3.3	おわりに			183

5.4 地下貯蔵タンクの腐食損傷評価　　183

- 5.4.1 はじめに　　183
- 5.4.2 試験原理　　184
- 5.4.3 AE波の計測手順　　184
- 5.4.4 試験タンクの諸元　　186
- 5.4.5 データベースの構築　　187
- 5.4.6 地下タンクの定性的腐食損傷評価　　188
- 5.4.7 腐食速度とAE活動度との相関　　189
- 5.4.8 まとめ　　190

5.5 バルブリーク検出・評価への適用（VPAC評価）　　191

- 5.5.1 背景　　191
- 5.5.2 バルブリークの理論　　192
- 5.5.3 データベースの作成による実用化　　193
- 5.5.4 現場における実バルブへの適用　　196

5.6 スマートコンビナート（化学プラントにおけるデータ マネジメント システム）　　197

第6章　IoTにおける情報セキュリティ　　203

6.1 はじめに　　204
6.2 近年における情報セキュリティ上の事案　　204
6.3 情報セキュリティ ガイドライン　　206
6.4 民間企業へのサイバー攻撃に対する危機管理の事例　　208

- 6.4.1 危機の発生　　208

6.4.2	情報の公開	209
6.4.3	対策チームの編成と方針の決定	209
6.4.4	顧客への対応	209
6.4.5	対策チームの使命	210
6.4.6	最高責任者（社長、役員室）の対応	210
6.4.7	外部からの支援	211
6.4.8	問題解決への道筋	211
6.4.9	事前のリスク管理	211
6.4.10	対策チームの活動	212
6.4.11	一般顧客対策	212
6.4.12	記者会見	213
6.4.13	企業責任と自己防衛	214
6.4.14	担当者の健康（精神）管理	215
6.4.15	経験の蓄積と継承	215
6.4.16	まとめ、および危機の収束	216

第7章　終論　219

7.1	日本の優位性と課題	220
7.2	課題の解決法	222
7.3	おわりに	225

執筆者担当一覧

湯山茂徳：第1章
　　　　　第2章　2.1～2.4
　　　　　第4章
　　　　　第5章
　　　　　第6章
　　　　　第7章

西本重人：第2章　2.5

安藤康伸：第3章

第 1 章

序　論

1.1 はじめに

　IoT（モノのインターネット）、ビッグデータ、AI（人工知能）などの用語が、大きな注目を浴びている。2016年の初頭、文部科学省、総務省、経済産業省の連携により、AIを核としたIoTの社会・ビジネスへの実装に向けた研究開発・実証が進められつつあることが報道された。これは、3省連携による研究開発成果を関係省庁にも提供し、政府全体として更なる新産業・イノベーション創出や国際競争力強化を牽引することを目的としたものとされる。

　2016年4月19日、政府が主催する産業競争力会議は、成長戦略の概要をまとめた。2016年4月時点で500兆円の名目GDPを、600兆円に高めるために、成長戦略としてIoT、ビッグデータ、AIなどの先進技術により新たな市場を創出し、第4次産業革命（Industry 4.0）を起こすことを一つの柱にしている。少子高齢化に苦しむ日本にとって、世界の主要プレイヤーとして生き残るために、こうした施策の実行が極めて重要で、必要欠くべからざるものと考えられる[1]。

　世界の経済状況を示す指標の一つであり、企業の実力を反映する株式時価総額を見ると、世界のベスト5は、アップル、アルファベット（グーグル）、マイクロソフト、フェイスブック、アマゾンとなり、その額は50～90兆円（2017年7月末時点）に達し、アメリカの先進IT企業が上位を独占している。これらの企業は、ありとあらゆるデータの採取・解析・評価を最も効率的に実施し、ビジネス化するためのシステムを設計・構築・確立することにより、他国企業の追随を、全く許さないほどの経営的実力を有するに至った。かつては世界トップ10を狙う立場にあったトヨタですら、最近の情勢を見るとその総額は約20兆円程度に留まり、世界ランクで45位に位置している。また、アメリカの代表的メーカーであり、かつて常にトップ10に入ったGEも、そのランクは22位（25兆円）となり、IT企業に比べ、伝統的製造業の停滞が顕著となっている。これは、21世紀以降、ディジタル通信・情報技術の急速な発展とともに、人々の求める経済的価値が、モノからデータ・情報へと急激に変化したことを端的に物語っている。

　現在大きな注目を浴びるIoTでは、モノからセンシングを通じて得られるデータを情報化し、その経済的価値を最大限高めることが主要な業務となる。これまで、製造業の分野で圧倒的強さを誇ってきた多くの日本企業にとって、モノから得られるデータ・情報の活用法を見誤らず、適切な対応さえ取れば、製造・情報・通信・サービス

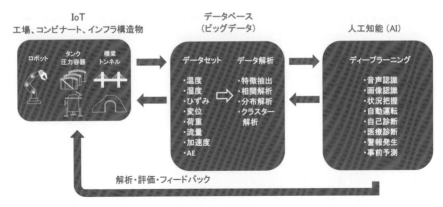

図 1.1　IoT、ビッグデータ、AI の相互関係

が混然一体となる最先進科学技術ビジネスの分野で、かつて世界に誇ることのできた栄光を、もう一度取り戻すことが可能になると考えらえる。

　現在、「ビッグデータ」は必ずしも定義がはっきりせず、曖昧な意味を含んだまま、個々の都合や状況に合わせ、大量のデータを取扱い解析する方法を表す概念として使用されている。物理学、化学、生物学、気象学、地震学、宇宙科学、材料科学、機械工学、電気・電子工学、情報工学、土木工学、医学、薬学、農学など、科学技術の分野で扱うのは、まぎれもなく大量のデータ、すなわちビッグデータの解析・評価である。

　近年、経済、経営、金融、マーケティングなどの分野で、ビッグデータという用語が頻繁に使用されるようになった。古くから大量のデータを取り扱っている科学技術において、データは目的を明確に定め、理論的裏付けを基に採取されるのが一般的であり、専門用語として「ビッグデータ」が用いられることはほとんどない。しかし、経済、経営、マーケティングなどで、今まであまり注意が払われてこなかった、例えば IT（サイバー空間）で得られる多様性と複雑な構造を持つ大量のデータから、何らかの有意な情報を得るために、統計的処理を施して特徴を抽出（Feature extraction）し分析するなど、科学的手法（データサイエンス）の適用が進みつつある。ビッグデータは、ほぼ同時進行の形で、加速度的に発展を続ける IoT、AI とともに、時代を代表する用語になっている。IoT により採取されたデータを蓄積することでデータベースが構築され、それを解析して得た結果に AI を適用して評価・フィードバックを行い新たな価値が創出される。IoT、ビッグデータ、AI の相互関係を示す模式

図が、**図 1.1** に与えられている。

　我が国で、最初にスマート工場の原型をなす IoT の適用が行われたのは、21 世紀に入った直後（2001 年）の自動車、及び自動車部品工場においてである[2]。データ採取には、100kHz～1MHz の周波数帯域に高感度を有するアコースティック・エミッション（AE）センサが用いられ、自動車部品の成型、プレス加工、研削などの製造・生産プロセスにおいて、不良品検出、製品管理の目的で連続的にデータが採取され、工場内 LAN を通して工場管理のスマート化が試みられた。

　一方、欧米諸国において、加齢化する橋梁などインフラ構造物のヘルスモニタリングとして、数多くの IoT が実施されている[3]。我が国では、2000 年代初頭に、IoT による構造物の健全性評価の実用化をめざし、高速道路橋で AE による連続モニタリングの基礎実験が行われた[4]。しかし、その後実質的進展の見られないうちに、欧米諸国での成果が広く知られるところとなった。

　化学コンビナートには、各種タンクなどの貯蔵施設、配管、反応容器、ポンプなど多種・多様な機器が存在する。それらを操業停止することなく、安全性を確保したうえで効率的なメンテナンスを実施することが、最重要課題となっている[5]。そのための方法として、プラント各所に様々なセンサを取り付け、常時監視によるスマート化（IoT 化、AI 化）が、世界各地で行われようとしている。

1.2　IoT、ビッグデータ、および AI

　既に多くの分野で、IoT が利用され、種々のセンサを用いた連続モニタリングが実施されつつある。ここでデータ採取速度を考えると、例えばコンビニチェーンの POS（販売時点情報管理）システムにおいて、一店舗に 3 台の端末レジがあると仮定する。いま、チェーン総店舗数が 10 万店で、各レジ当たり 10 秒に一回のデータ入力（サンプリング周波数：10^{-1}Hz）が行われるとするなら、全システムで採取されるデータセット数は、毎秒 $3 \times 10^5 \times 10^{-1}$、すなわち 10^4 程度のオーダーとなる。

　また、健康状態管理のために体温計あるいは血圧計などを体に取り付け、スマートフォンを用い、10 秒に 1 回の頻度で体温や血圧を測定し、データ化するために必要なサンプリング周波数は、10^{-1}Hz（1 サンプル／10 秒）である。もし 1 時間に 1 回測定するなら、基本的に 1/3,600 サンプル／秒のデータ採取能力があればよい。したがって、サンプリング周波数は 10^{-3}Hz より小さくても十分な精度が出せる。いま、

10^{-1} Hz のサンプリング周波数で 100 万人分のデータを採取するなら、1 秒あたりに入力されるデータセット数は、10^5（$10^6 \times 10^{-1}$）程度となる。

一方、構造物のモニタリングに使用されるセンサにおいては、扱われる周波数帯域が 1 MHz を超える場合があり、この時十分精度の高い計測を行うために必要なサンプリング周波数は、10MHz（10^7Hz）となり、センサ 1 個あたりで採取されるデータ量は、前述した POS システムや、体温あるいは血圧測定を 10 秒に 1 回行う場合に比べ、$10^2 \sim 10^3$ 倍になる。

とりわけ、被計測ユニット（計測が具体的に実施される部材やロボット）数が数百を超える大型構造物や、工場設置機械システムにおいて、使用されるセンサ数は各ユニット当たり最低 2 個程度必要なため、システムに入力される全データセット数は、10^{10}／秒のオーダーに至り、POS システムや、健康管理システムの場合に比べ、採取されるデータセット数は $10^5 \sim 10^6$ 倍程度大きくなる。したがって、回線が持つデータ転送能力の限界を超えることで起こるデータ転送遅延や採取エラーを防ぐための対策として、端末とシステム間に十分な容量を持つバッファーメモリを置くことに加え、データ入力後のなるべく早い時期に適切な信号処理を施すことが必須となる。さらに、ビッグデータ解析に適用される手法（特徴抽出機能）を用いて予め初期解析を行い、分散設置されたローカル AI プロセッサ（モジュール）などで高度な解析を実施し（エッジ処理）、転送されるデータ量を圧縮することにより、システム障害の発生を防ぐ必要がある。

最新の AI では、ニューラルネットワークの多層化により、情報が第 1 層から 2 層、3 層と深く伝達される過程で学習が繰り返され、特徴量が自動的に計算されるディープラーニングが用いられる。これは、人間の脳の構造をソフトウェア的に模倣し、人間が関与せずに機械が自ら特徴を抽出し、事象を認識して分類することにより学習を進める方法で、画像認識や音声認識などの分野で広く用いられている。初期段階で開発されたものは、層が直列におかれた単純な構造をしていたが、現在用いられるアルゴリズムでは、複数に分岐し、ループ構造を持つなど構造が複雑化している。ディープラーニングで訓練された AI が、現在最強と言われる囲碁棋士と対戦して勝利したことがニュースで報じられ、その発展の速さと能力に、驚きが広がった。

今日一般的に用いられる AI は、データベース（ビッグデータ）からディープラーニングを用いて特徴抽出を行い、画像認識、音声認識、状況把握・予測、自動車など機械装置の自動運転・制御・自己診断、医療診断など、人間が決して扱えないほど大

量のデータを、瞬時に処理して学習・行動するという、コンピュータが機械として本来持つ機能を、最大限活用するものである。

利用範囲がこの程度で、AI がヒトの手助けとなる作業を実施するだけの存在なら、倫理的問題は、特に発生しない。しかし、最近マイクロソフト社が行った AI の公開学習において、悪意を持った情報が恣意的に入力されることにより、機械が無分別にそれらを学習してしまい、AI がヒトラー崇拝発言や、様々な差別的発言をするようになり、直ちにこの実験は取りやめられたとの報道があった。このように、誤った情報や悪意に基づく情報が意識的に入力され、機械が無分別にそうした情報を学習してしまう場合には、倫理的に大きな問題を起こす可能性のあることが懸念材料となっている。

アニメや SF の世界では、鉄腕アトムを筆頭に、様々なヒト型ロボット（アンドロイド）が大活躍している。こうしたロボットは例外なく、ヒトをはるかに凌駕する身体的・頭脳的超能力に加え、ヒトと同じような感情や判断能力を持ち、日々の生活の中で、喜び、悲しみ、悩み、そして苦しんだりすることを繰り返している。こうしたアンドロイドが、近い将来登場することは可能なのであろうか。

真のヒト型ロボットには、人間、そしてロボット同士で互いにコミュニケーションし、他者の心を思い計るなど、ヒトのみが持つ認知・非認知による心の働きを導入する必要がある。それは、ヒトの脳と全く同じ機能を持つ、極めて高度で複雑な脳と長期の学習からもたらされる。現時点で、ヒトの脳が持つ機能や働き、そしてその仕組みがすべて解明されているわけではなく、それが可能になるには、今後も多くの試行錯誤と長い道のりを経た研究が必要と考えられている。したがって、真の意味でヒト型ロボットが近い将来登場するとは考えにくいというのが、おおかたの見解である。

1.3 IoT に用いられるセンシング技術としての AE

スマート工場やスマートコンビナート、また様々なインフラ構造物に設置されるセンサで採取されるデータは、ひずみ、応力、変位、速度、加速度、温度、湿度、圧力、流量、電力量、音、AE、画像などが一般的である。ほとんどの場合、サンプリング周波数として $10^{-1} \sim 10$Hz の帯域で測定が行われ、データ採取量がそれほど大きくないため、通常ならデータ転送や解析に問題は生じない。

しかし、振動（加速度）計測では $10^2 \sim 10^5$Hz が、また AE 計測では $10^3 \sim 10^6$Hz

の周波数帯域が対象となるため、低周波数領域での測定とは異なる方法が要求される。とりわけ、AE 計測においては、有効な波形・周波数データを採取するために、入力する信号を 10^7Hz 程度のサンプリング周波数（16 ビットの分解能）でディジタル化するのが一般的で、極めて大量のデータを扱うことになる。したがって、円滑なデータ転送やデータ解析を行う目的で、アナログ時代（1970 年代）から数十年に渡り開発・確定された、AE 計測専用の信号処理方法に基づく、データ処理が適用される。AE法を用いることにより、環境雑音（通常 10^4Hz 以下の周波数帯域）に影響されない計測が行えるため、スマート工場、スマートコンビナート、そして各種インフラ構造物の連続モニタリングを実施するための切札になると期待されている。

　AE 計測では、その発生源が微小な欠陥の発生・成長に起因することから、損傷進行の極めて初期段階から感度よく検知できる。これに比べ、例えば振動（加速度）計測を実施した場合、損傷がある程度進行し、機械システム全体に影響が及ぶようになり、振動特性に変化が出始めた後に検出することになる。また、温度変化のみをモニターする際には、装置全体に大きな変化が起こり、それが局所的な熱源を与え、温度上昇という形で現れて初めて損傷の存在を検知できる。これらのセンシング技術は、欠陥・損傷の検出感度、検出時期、取扱い性、コストなどが異なることから、その特性を見極め、使用目的を明確にして、信頼性と効率性を最も高めるために、複数の技

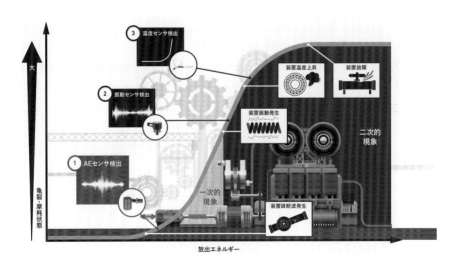

図 1.2　AE センサ、加速度計、温度センサによる欠陥検出の感度や時期を比較した模式図

術を適切に組み合わせて適用するのが一般的である。こうした状況が、**図 1.2** に模式的に示されている。

　本書では、最初に IoT を適用するに当たり、センシング技術として中核技術の一つとなるアコースティック・エミッション（AE）の基礎知識を提供し、続いて採取されたデータの解析・評価・フィードバックを担う AI（機械学習）の基礎原理についてまとめてある。さらに、国内外における工場、コンビナート、インフラ構造物などの現場における AE による IoT の適用状況を紹介し、様々なデータベースを用いて実現される AI の実用例を示してある。また、IoT において避けることのできないリスクを制御するために、情報セキュリティについて検討している。これらを基に、21世紀型製造／サービス業において、国内企業が直面する課題とグローバル競争力について考察し、今後進むべき方向について提案している。

参考文献

（1）湯山茂徳：スマート工場、スマートコンビナート、および社会基盤構造物における IoT、ビッグデータ、AI 適用の現状、グローバルビジネス学会、2016 年「研究発表会」予稿集、京都大学吉田キャンパス、pp. 110-132、2016 年 7 月 10 日
（2）西本重人、湯山茂徳：AE 法の製品検査への応用、非破壊検査、Vol. 57（No. 10）、pp. 474-477、(2008)
（3）湯山茂徳：社会基盤構造物の AE 連続モニタリング、非破壊検査、Vo. 60 (No. 3)、pp. 165-171、(2011)
（4）S. Yuyama, K. Yokoyama, K. Niitani, M. Ohtsu and T. Uomoto: Detection and Evaluation of Failures in High-strength Tendon of Prestressed Concrete Bridges by Acoustic Emission, Construction and Building Materials, Vol. 21, pp. 491-500, (2007).
（5）湯山茂徳：アコースティック・エミッション（AE）に関する最近の面白い話題（実構造物の腐食損傷評価）、検査技術、第 2 巻、第 6 号（No. 97）、日本工業出版、pp. 58-63、1997 年 5 月

第2章

アコースティック・エミッション（AE）の基礎

2.1 AEの発生原理と解析法

AEの発生源は、クラックの発生や成長、塑性変形、変態など、固体内部で生ずる局所的微小変化に基づく一次AE源（本来のAE）と、機械的摩擦や衝撃、漏洩などのように、その他の原因で生ずる二次AE源の二つに分類される[1]。このうち、材料評価や構造物診断などを行うときに対象となるのは、主として一次AE源である。擬似AE源として、感度校正などに用いられるシャープペンシル芯の圧折で生ずるAEも、一次AE源の一つとみなしてよい。

一方、二次AE発生源として、機械振動や、摩擦、あるいは漏洩に起因する音源がある。これらは、回転装置の異常診断、機械要素の安全監視、弁の漏洩検出などプラントの状態監視や、工場における設備診断に広く適用されている。

本来のAE現象そのものは、規模の非常に小さな地震と考えて全く差し支えないことが知られている。実際、AEの発生や伝播に関する理論的解析は、地震波動の理論[2]に基づいて行われてきた。

今日行われるAE解析には、ヒット数、振幅値、エネルギーなど、検出されるAE波の特徴を抽出した信号処理パラメータを用い、相対的AE活動度の変化を解析の対象とするパラメータ解析と、複数個の波形で構成されるAE波形セットに、理論に基づく解析を適用し、AE発生源に関する定量的情報を求めようとする、原波形解析[3]や、モーメントテンソル解析[4]などの定量的波形解析がある。

2.1.1 一次AE発生源

(1) 地震とAEの類似性と相違点

地震は、極めて身近な現象である。地震国である日本に住む我々にとって、年に少なくとも数回以上の有感地震を経験することは、ごく普通のことであろう。時として、その規模と、震源までの距離との関係で、兵庫県南部地震や東北地方太平洋沖地震のように、阪神・淡路大震災、東日本大震災などの大災害をもたらすことがある。

図2.1に、地震とAEについて模式的に示してある。いずれも、断層や、クラックなどの局所的変化（蓄積されたひずみエネルギーの解放）が、弾性体内で生じ、それが波動として伝わり、表面上で観測される現象とみなすことができる。地震の場合、震源域の大きさが100kmを越えることがある。しかしながら、それを地球規模で考えるなら、局所的と考えても問題はない。

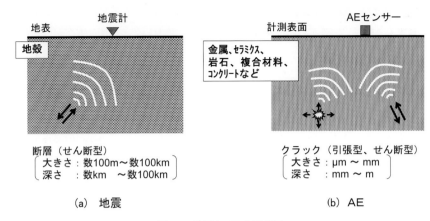

図 2.1　地震と AE の模式図

　地震と AE の最も大きな違いは、図に示されているように、その寸法である。地震の震源域の大きさは、数 100m～数 100km にまで至る。一方 AE を生ずるクラックは、μm から、せいぜい mm の規模である。したがって、対象となる波動の周波数は、地震の場合主として 0.01～10Hz であるのに対し、AE では、1k～1MHz となる。

　もう一つの違いは、その発生機構である。地震は、断層面に力が加わることによりずれが生ずる際、すなわちせん断型の破壊が生ずるときに発生する。一方 AE は、地震と同じせん断型破壊の他に、破壊面が引張られることにより開口する、引張型の破壊が生ずるときにも発生する。通常はこれら 2 つの破壊様式が混在して見られるが、材料によってはどちらか一方の様式が優先的な場合や、破壊進行とともに、様式が変化することもある。

　地震による波形を詳細に解析すると、震央からの距離が異なると、地震波の到達時刻が変化し、さらに P 波、S 波などの大きさや振動の向きも変化する。こうしたデータを解析することにより、震源の位置や、その発震機構が解明される。全く同様なことが、AE 現象に対しても行われる。すなわち、複数個のセンサで検出された AE 信号の到達時間差をもとに AE 発生源の位置を決定し、また初動波の大きさや振動の向きを調べることにより、AE の発生機構を調べることができる。

2.1.2　地震と AE の理論

　地震も AE も、地殻あるいは材料などの弾性体内において、局所的変化が生じたときに発生する。したがって、全く同一の理論に基づいて、両者を統一的に説明することができる。

　自然界において、ある現象を記述あるいは理解しようとするとき、その現象がどのような作用の影響として生じてきたかを知ることが重要である。言い換えると、対象となる系にある作用を与えた時、その系にどのような変化が生じるかその応答を調べることが、大きな意味を持つ。与える作用とそれに対する応答を知るには、単位作用に対する応答を得ることが基本となる。この単位作用による系の応答を表わす2つの時空点の関数が、グリーン関数と呼ばれる[5]。

　地震は、地殻という大きな弾性体内部の断層面上でずれが生じ始め、短い時間（数秒〜数十秒）の間に最終的なずれ量に至るというステップ状の時間関数で変化が起ったときに、地表で観測される現象である。したがって、断層の位置、規模、ずれ量（くい違い量）、発生時間関数がわかれば、地殻（半無限帯）のグリーン関数を用いて、地表面上の応答である地動変位を理論的に求めることができる。また逆に、地動変位を計測すれば、グリーン関数を逆に作用させて、ずれ量や発生時間関数など、地震の諸物理量を知ることができる。

　ここで、断層のずれ発生という入力作用に対して、グリーン関数（断層運動やクラックなどのように変位のくい違いをともなう場合には、第2種グリーン関数と呼ばれる）を用いて、震央からの距離が異なる地点に地震計をおいたときに、観測される地動変位が与えられる。このとき注意すべき点は、グリーン関数は、入力作用位置および地表の観測位置において、いずれもそれらを代表する点に対して与えられているということである。これは、震源の深さ H あるいは震央距離 r が、震源域（断層の大きさ）に比べ十分大きい場合、すなわち逆に言えば震源域が H や r に比べ十分小さく、点とみなせるときに成立する。一方、震源域の大きな地震が地表面近くで発生し、それを震央近くで観測する場合には、作用点の移動を考慮し、それらの影響による応答をすべて合成した取り扱いを行う必要がある。

　地震と全く同じ理論を、AE にも適用できる。AE 源であるクラック発生に対して、グリーン関数による試験片上の応答変位が、理論的にも、また実験的にも求められている。クラックの大きさは、試験片寸法に比べれば十分小さく、点音源とみなせる場合がほとんどであるため、この理論を AE に適用するのは容易であり、実験室におい

て良好な結果が得られている[6]。

2.1.3 AE解析の2方面

　AE解析には、計測方法やその目的、また解析項目の違いにより、2つの方面がある。一つは、通常の検出波形に信号処理を施し、適切なパラメータを抽出することにより、AE活動の相対的変化を評価するパラメータ解析である。もう一つは、前節に示された理論をAE波形に適用し、AE源の定量的情報を得ようとする定量的波形解析である。

　図2.2は、パラメータ解析について模式的に示したものである。クラック発生が、引張試験片中において、ステップ状の時間関数で与えられている。AE波は、センサに到達するまでに試験片内で、多数の反射やモード変換を繰り返す。このため、センサ到達時には、極めて複雑な波形を示すことになる。さらに、通常用いられる圧電型センサ自身も周波数特性を有するために、実際に得られる検出波形には、クラック発生の情報、試験片内のAE波伝播特性、センサ特性、すべてを合成した情報が含まれている。こうした検出波形において、個々の情報を分離して解析することは不可能である。したがって、そのAE信号が持つ情報を適切に評価するために検出波形に信号処理を行い、特性パラメータが抽出される。このパラメータが示す時間履歴、相対的強度レベル、相関などを調べることにより、クラックの発生条件や成長特性を知ることができ、またAE発生要因の定性的な識別が行える。

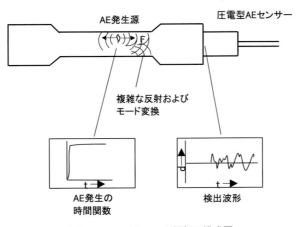

図2.2　AEパラメータ解析の模式図

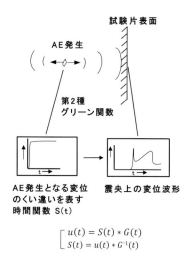

図 2.3　AE の定量的波形解析の模式図

図 2.3 は、定量的波形解析について、模式的に示してある。いまクラックが図中に示されるように、複雑な反射などを考えなくてすむ十分大きな弾性体中で、ステップ状の時間関数 $S(t)$ で発生したとする。この時理論的に得られる震央上の変位波形 $u(t)$ は、第 2 種グリーン関数を用いて、図のように与えられる。この波形は、特性が定量的に評価可能なセンサ、例えば変位測定型のセンサを用いれば、容易に観察することができる。このように、AE 波伝播媒体において、AE 発生位置と AE 波検出位置の入力-応答の関係を規定するグリーン関数 $G(t)$ がわかれば、クラック発生による表面上の変位は理論的に求められる。逆に、変位測定型センサのように特性のわかったセンサで検出された波形 $u(t)$ に、$G(t)$ の逆関数 $G^{-1}(t)$ を作用させれば、$S(t)$、すなわち AE 発生源であるクラックの定量的情報を得ることが可能となる。こうした解析を適用することにより、クラックの大きさ、くい違い量、発生時間関数、方向、方位などの評価が行える。

2.1.4　AE の発生と伝播
(1) AE 発生源のモデル

AE 計測とは、クラック発生などによる固体内の弾性波動を検出する計測法である。

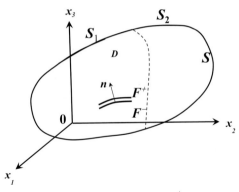

図2.4 物体 D とクラック面 F^+、F^-

したがって、AE 波形の理論的な解析には、以下の3点について考慮する必要がある。
(1) AE 発生源のモデル
(2) 弾性波動としての固体中の波動の伝播挙動
(3) AE センサの計測物理量とその絶対感度

　いま、境界要素法（Boundary Element Method：BEM）に基づく解析理論に従い、図 2.4 に示されるような物体 D の内部に2つの面 F^+ と F^- から構成される内部境界 F を考える。

　AE の発生源であるクラックの形成とは、この2つの面がくい違うことにより面 F^+ と F^- 上の変位、あるいは応力ベクトルに、動的に不連続が生じた現象と考える。この時、図のように面 F 上の法線 n_i として、面 F^- 上のものを置き、さらに外部境界 S は十分遠くにあり、そこでの応力ベクトルと変位は0であると仮定している。ここで、D 内の点 x における時刻 t での変位 $u_i(x, t)$ は、応力ベクトルを $f_j(y, t)$、および変位の面 F^+ 上と F^- 上とのくい違い量（転移モデルのバーガースペクトルに相当）を $b_j(y, t)$ とおくと、

$$u_i(x, t) = \int_F [G_{ij}(x, y, t) * f_j(y, t) + T_{ij}(x, y, t) * b_j(y, t)] dF \quad (2.1)$$

（ただし、$G_{ij}(x, y, t)$ はグリーン関数、$T_{ij}(x, y, t)$ は第2種グリーン関数、* は時間に関するたたみ込み積分）

と表わされる。これは、AE の発生源を一般化し、力のくい違い $f_j(y, t)$ と、変位の

くい違い $b_j(y,t)$ で表現したものである[7]。

クラック上の力学的条件を考えると、クラック面 F の端部を別として、クラック発生前後のいずれの場合でも力のつり合いは満足しているはずである。したがって、力の不連続量 $f_j(y,t)$ はクラック形成に対しては、主な役割を果たしていないと考えられる。そこで式 (1.1) を2つに分けると、

$$u_i(x,t) = \int_F G_{ij}(x,y,t) * f_A(y,t)\, dF \tag{2.2}$$

$$\begin{aligned}u_i(x,t) &= \int_F T_{ij}(x,y,t) * b_B(y,t)\, dF \\ &= \int_F G_{ip,q}(x,y,t) * C_{pqjk}\, b_j(y,t)\, n_k dF\end{aligned} \tag{2.3}$$

(ただし、$C_{pqjk} = \lambda \delta_{pq} \delta_{jk} + \mu(\delta_{pj}\delta_{qk} + \delta_{pk}\delta_{qj})$ は弾性定数、$G_{ip,q}$ はグリーン関数の空間微分、λ, μ はラメの定数、またくり返し現れる指標 (p, q, j, k) については、総和記号 Σ が省略されている。)

となる。ここで式 (2.2) は、何らかの力が物体に加えられた場合、たとえば物体面上でのガラス細管やシャープペンシル芯の圧折で生ずる AE に、式 (2.3) が、実際のクラック発生で生ずる AE に対応する。

(2) AE 波の伝播

前節で示されたように、AE 波は、クラック発生などのエネルギー解放過程で生ずる弾性波動現象である。したがって、その伝播の仕方は、連続体中の変位の伝播を表わす波動方程式で説明される。

簡単のため、**図 2.5** に示されるような、一様な太さの細い弾性体の棒を考える。その長さの方向に X 軸をとり、断面積を S、密度を ρ、ヤング率を E とする。いま縦波の通過によって、棒中の厚さ ΔX の微小部分 AB が A′B′ へと変化したとすると、B 面の変位は、A 面の変位を $\xi(x,t)$ として、

$$\xi + \Delta\xi \cong \xi + \partial\xi/\partial x \cdot \Delta x \tag{2.4}$$

と書ける。したがって、この微小部分の厚さは、Δx から

$$\Delta x + \Delta\xi \cong \Delta x (1 + \partial\xi/\partial x) \tag{2.5}$$

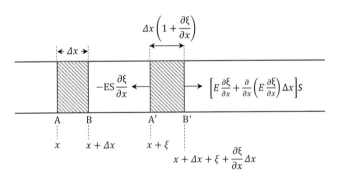

図2.5　細い棒を伝わる縦波

へ変化することになり、$\partial\xi/\partial x$ は単位長さ当たりの伸び、すなわちひずみを表すことになる。これをもとに、波動方程式

$$\partial^2\xi/\partial t^2 = v^2 \cdot \partial^2\xi/\partial x^2 \tag{2.6}$$

（ただし、$v = \sqrt{E/\rho}$）

が導かれる。これが細い弾性体の棒を伝わる弾性波の方程式である。その解はよく知られているように、

$$\xi(x,t) = A\sin(x-vt) + B\cos(x+vt) \quad (\text{ここで、A、B は定数}) \tag{2.7}$$

で与えられる。

　ここでは、棒の横方向への変形は全く考えていない。しかしながら、x 方向に上記のような伸縮があるなら、ポアソン比 ν が 0 でない限り横方向にも変形が現れるはずである。この点を考慮してつり合い式を立てると、それに従う波動は P 波（Primary wave、縦波）と S 波（Secondary wave）の 2 種存在することが導かれ、P 波は常に S 波より早く伝播する。

(3) AE 波の減衰

(a) 拡散損失

　弾性波が 3 次元空間を伝播するときには、球状に拡がる。この球面波において、波動の全エネルギーは失われないとしても、半径 r とすると球面の表面積は $4\pi r^2$

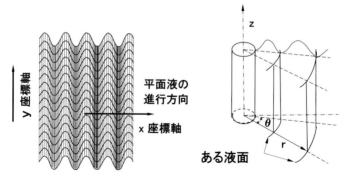

図2.6 平面波の伝播状況の模式図　　図2.7 円筒波の伝播状況の模式図

であるから、表面の単位面積当たりのエネルギーは、遠くになるにしたがい、$1/4\pi r^2$の比率で減少する。したがって球面波において、振幅値 A は、$1/r$ に比例して減少する。

次に平面波の場合は、**図2.6** に示されるように y 軸方向に対して変化は全くなく、x 軸方向に対して、表面積を一定に維持したままで、弾性波が伝播するので、振幅値に変化は生じない。

一方、**図2.7** に示される円筒波の場合、Z 方向には全く同一で平面波的であるが、$r\theta$ 面では円形に拡がる。このため、エネルギーは $2\pi r$ で拡散することになり、単位面積当たりのエネルギーは $1/2\pi r$ に比例して減少する。したがって、振幅値は $1/\sqrt{r}$ に比例して減少する。

実際に試験片、あるいは構造物において AE 波が伝播するときには、たとえば板厚の大きな CT 試験片や、コンクリート製ブロックにおいて、反射波の生ずる以前の段階では球面波に、またパイプの壁面を伝わる弾性波は平面波に、さらに圧力容器や球型タンク、あるいは円筒型タンクで広く拡がる殻内を AE 波が伝わる場合は、円筒波に類似した挙動を示すことになる。

(b) 減衰の原因

AE 波が媒体中を伝播する際に、波頭面が拡がるために生ずる拡散損失の他に、たとえば金属においては、内部摩擦、および組織境界における散乱のために、所定の方向に進む波動が減衰する。その原因にはいろいろあるが、金属、特に多結晶体

金属を弾性波が伝わる場合の主なものは、結晶粒界および組織境界による散乱減衰、粘性減衰、転位の運動による減衰などである。

粘性減衰は、内部摩擦に基づくものである。転位による減衰も含め、いずれの原因による減衰であっても、一般的に減衰量は周波数に依存し、周波数が大きければ大きいほど減衰量も大きくなる。

金属材料とは異なり、複合材料であるコンクリートやFRP（Fiber Reinforced Plastic）では、その不均一性を十分考慮する必要がある。コンクリートでは骨材とモルタルの付着界面での、またFRPでは繊維と母材界面における反射等による散乱の影響が現われ、減衰特性を大きく左右する。一般にコンクリートの場合、水、セメント、骨材の配合比や、骨材の形状や寸法等に、またFRPでは繊維の方向、材質、体積比などに減衰特性は強く依存する。

(c) 減衰曲線の実例

実験室において、寸法の比較的小さな試験片内で発生するAEを検出し、評価する場合に、反射の影響を考慮する必要があるが、AE波の減衰が計測に際して問題となることは、ほとんどない。しかしながら、実構造物で発生するAEを計測する場合には、有効信号を検出するためのしきい値を設定し、センサの配置を決めるに際し、構造物中の減衰特性が極めて大きな意味を持つ。

図2.8は、圧力媒体となる水を満たした、肉厚23cmを持つ圧力容器殻の表面上で、センサからの距離が1m、3m、10mおよび20mの地点で、径0.3mm、硬さ2H

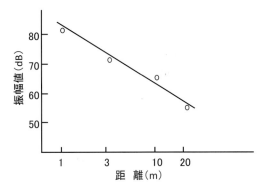

図2.8 肉厚23cmの圧力容器表面上における減衰特性（150kHz共振型センサ）

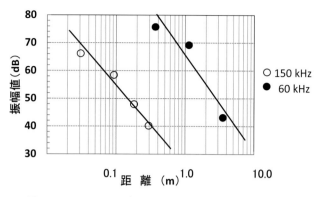

図 2.9 コンクリートブロック上における AE 波の減衰特性

のシャープペンシル芯を 10 回圧折し、その平均振幅値を距離の関数として表示した減衰曲線である[8]。この計測では、圧力容器全表面上で、平面位置標定を行うために配置した 150kHz 共振型センサ間の最大距離は、5.5m であった。図からわかるように、センサ間距離 5.5m における減衰量は、約 13dB と十分小さな値である。したがって、この圧力容器は AE 信号の検出に対して極めて良好な音響特性を有しており、耐圧試験時に円筒殻表面上で、容易に AE 信号の位置標定を行うことができる。

図 2.9 は、6.5m×6.5m×1.75m の寸法を持つコンクリートブロック上で得た AE 波の減衰特性である[9]。径 0.5mm、硬さ 2H のシャープペンシル芯を、センサから所定の距離で圧折したときに、150kHz 共振型および 60kHz 共振型センサで検出した振幅値の平均値を、距離の関数として示している。図からわかるように、60kHz 共振型センサで検出される AE 信号に比べ、より高周波成分を検出する 150kHz 共振型センサで測定される減衰量ははるかに大きい。40dB（センサ出力：$100\mu V$）のしきい値を設定した場合、このコンクリートブロック上において、150kHz 共振型センサでは 30〜40cm、また 60kHz 共振型センサでは、約 2.5m 程度の範囲で発生する AE 信号を検出可能である。

2.1.5 実測される AE 波形

AE 発生源のモデルに直接関連した理論波形は、複雑な反射等の影響を考えなくてもすむ理想的伝播媒体において、微小な表面変位を定量的に計測可能な変位測定センサを用いて検出・観察される。しかしながら、実際の AE 計測において、このような

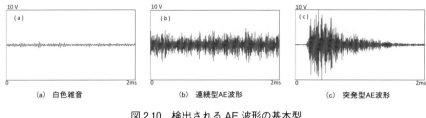

(a) 白色雑音　　　(b) 連続型AE波形　　　(c) 突発型AE波形

図 2.10　検出される AE 波形の基本型

理想状態を得ることは非常に困難である。通常の計測では、実験室においても、また実構造物においてはなおさらのこと、伝播媒体となる試験片や構造物の材質、形状、大きさなどにより、多重反射や減衰の影響を受けた複雑な形状の AE 信号を、共振特性を持つセンサで検出することになる。

図 2.10 に、AE 波形の基本型が示されている。(a)は、白色雑音と呼ばれ、センサを含む AE 計測装置の熱雑音に起因したものである。AE 信号が全く入力されない場合にも、常に背景雑音として観察される。通常、この雑音の影響を受けずに有効信号を検出するために、S/N（信号／雑音）比が 2 倍（6 dB）程度になるようにしきい値を設定して計測は行われる。(b)は連続型 AE と呼ばれる。一次 AE 源としては塑性変形による AE が、またリーグや機械的摩擦など、大部分の二次 AE 源で生ずる AE が、この型の波形を与える。(c)は突発形 AE である。最も普通に検出される AE 波形であり、塑性変形を除いたすべての一次 AE 源、すなわち、クラックの発生と成長、変態、双晶変形、介在物の割れ、複合材料では繊維の破断、繊維と母材の剥離などで発生する。さらに、漏洩量の大きいリークが断続的に発生する際に、しばしば類似した波形が観察される。

2.1.6　AE パラメータ解析

(1) AE 特徴パラメータとその情報

AE 計測時には通常、極めて多くの信号が短時間に発生する。これらの信号から有意な情報を得るために、検出される AE 信号（波形）に対して、適切な信号処理が行われ、特徴パラメータが抽出される。

突発型 AE 信号のパラメータ解析に通常用いられる信号処理パラメータは、（リングダウン）カウント、エネルギー、ヒット、イベント、AE 信号の振幅値、信号立上

り時間、信号継続時間などである。これらの発生履歴、頻度、相関、パターンなどを詳細に解析することにより、欠陥の発生条件や成長特性を調べることができ、またその識別がある程度行える。さらにAEセンサ間の信号到達時間差をもとに、地震の震源地を求めるのと同じ要領で、AE発生位置を決定できる。この解析は、いわば我々が木登りをしている時に、木が発する、ミシ・ミシという音の発生頻度や大きさをもとに枝が折れないかどうか、危険はないかどうかを判断するのとよく似ている。

現在では、使用されるAEパラメータの種類もほぼ固定化され、これに対応したAE計測装置も手軽に手に入る。さらにソフトウェア技術の発達で、解析もリアルタイムで容易に行えるため、実験室における材料評価法として、また構造物の健全性診断法として、広範に用いられている。ただし、この解析法の問題点は、得られる情報が、あくまで相対的比較に基づいたものであり、AE発生源の位置標定結果以外は、定量的評価ではないということである。

これらAEパラメータの持つ意味と特徴を以下に示す。

・カウント数（count）：
しきい値を越えたAE波の振動の回数をすべて数える。事象の振幅の重み付けとしての意味を持つが、AE波形は伝播媒体やセンサの周波数特性に大きな影響を受けるため、そのカウント数もこれらに強く依存する。AE発生箇所および計測箇所が同じ場合には、一般にカウント数の大きなものほど大きいエネルギー（最大振幅値）を持つと考えてよい。

・エネルギー（energy）：
入力したAEの包絡線検波波形の面積あるいは、最大振幅値の2乗などと定義される。発生したAE事象のエネルギーを相対的に比較するのに最適なパラメータである。一般的にカウント数と類似した挙動を示す。突発型AE信号に限らず、リーク検出など、連続型信号のエネルギー変化を調べるのに使われることもある。

・ヒット（hit）：
センサに入力したAE信号波の一かたまりを1ヒットと数える。したがって、発生したAE事象が一個であっても複数個のセンサに信号が入力される場合、個々のセンサに入力した信号の個数分だけヒット数が計測されることになる。クラックや変態など、突発型AE事象を生ずるAE源の発生頻度や発生形態を知るのに適したパラメータである。ただし、ヒットそのものは入力した信号のエネルギーには全く関係しないため、発生したAEのエネルギー比較を行うのには不向きである。

- イベント（event）：
センサ間の信号到達時間差をもとに AE 発生源の位置を求めることができ、そのイベント解析が行われる。通常、直線標定の場合には 2 個、また平面標定の場合には 3 個あるいは 4 個のセンサでグループをつくり解析を行う。グループ内のセンサすべてに信号が入力したときに初めてこうした計算が可能となり、AE イベントが発生したとみなされ、その発生位置を標定することができる。したがって信号が小さくグループ内のセンサのうち 1 個でもそれを検出しないときには、この方法で位置を決定することはできず、また極めて短時間内に集中して AE が発生する際には計算結果が混乱するなど、不都合の生ずる可能性がある。このような場合には、センサ間信号到達時間差に基づかないで、各センサで検出される AE 活動度に注目したゾーン標定法などを用いる必要がある。なお AE 位置標定法については、次節で詳細な説明が行われる。

- 振幅値（amplitude）：
AE を生じた事象がセンサに与える振動の大きさ、すなわち地震の震度に相当する情報を与える。統計的処理を施すことにより振幅分布が得られ、発生した AE 事象間の相対的エネルギーレベルの比較が行える。これを用い、異なる AE 発生機構を識別できる場合がある。また、振幅分布上において、直線部を外れる領域に見られる高振幅事象の連続発生は、有害な欠陥の成長に対応している可能性がある。このように、最大振幅値は AE 事象の危険度を知る重要な尺度である。

- エネルギーモーメント（energy moment）：
検出した AE 波形のエネルギーの重心を表わし、波形の鋭さと集中度を示すパラメータである。発生要因の異なる AE の識別に有効とされる。

- 信号立上り時間（rise time）：
信号が入力したとき、最初のしきい値クロス時から最大振幅値に至るまでの時間のことである。各信号の立上りの鋭さに関する情報を与える。この情報をもとに、本来の AE と機械的ノイズなどの識別を行える場合がある。

- 信号継続時間（duration）：
信号入力時において、最初のしきい値クロス時から最後のしきい値クロス時までの時間、すなわち 1 ヒットの継続時間と定義される。この値と信号立上り時間、および最大振幅値を総合して、入力した信号のおおまかな波形に関する情報を得ることができる。この情報をもとに、異なる AE 発生源を識別できる場合がある。

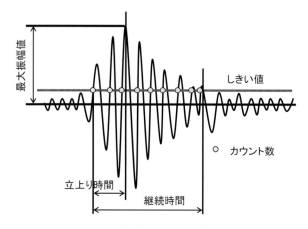

図 2.11　検出された AE 波形の信号処理により抽出されるパラメータ

表 2.1　AE パラメータとその特徴

パラメータ	特　徴
カウント	しきい値を越えた小さいパルスの個数、周波数に近い量であり、近似的に周波数分布と同等の見方をする。エネルギーに近い量でもある。
エネルギー	事象のエネルギーの相対的大きさ
ヒット	検出した AE 信号数、AE の活動度
事象（イベント）	AE の発生数、AE の活動度
エネルギーモーメント	AE 波形のエネルギー重心、波形の鋭さと集中度
振幅値	事象の大きさ、発生源の分類
立上り時間	ピーク値までの時間、ノイズとの識別、AE の伝播距離が長くなると大きくなる（波形がなまる）
継続時間	AE 波の継続時間、ノイズとの識別
位置	AE の発生位置

　この他に、RMS 電圧（実効値電圧）も、AE 活動度の大まかな変化を知るのに用いられる。時定数が約 100 〜 200ms と大きいために、突発型 AE のように早い現象には対応できないが、金属の変形や回転軸受の診断、リーク検出など、連続型信号が発生する場合に有効なパラメータである。
　また、位置標定結果（イベント）のクルーピンク作業により、AE 活動度および強

度の高い部位（AE 集中源；クラスター）の表示を行うことがある。こうして得られる AE 源の集中度は、危険部位を特定化し、その危険度を評価するのに有効である。

図 2.11 に、検出された AE 波形と、信号処理により抽出される AE パラメータの関係が模式的に示されている。また、表 2.1 に上述した AE パラメータとその特徴が簡単にまとめてある。

2.1.7　AE 源の位置標定

地球内部で発生する地震の震源位置は、複数の気象台や測候所の地震計で観測された、P 波あるいは S 波の到着時刻の違いをもとに計算される。したがって、極めて規模の小さな地震である AE についても、同様の方法でその発生位置が決定できる。

この位置標定機能は、変動荷重下など、動的な環境下で、欠陥位置の同定を可能にするため、構造物の健全性診断を行う際に、他の非破壊評価法にない AE 法のみが持つ有用な特徴となる。AE 源の位置情報は、1 個の AE 信号の波形解析から推定可能な場合もあるが、より正確には、複数個の AE センサを配置して、各々に到達する AE 信号の時間差から求めるのが普通である。しかしながら、その AE 位置標定法を実際の各種 AE 試験に適用する際には、高精度・高確度の位置標定は必ずしも容易ではなく、被試験体の AE 発生・伝播特性、センサの配置・取付け状況、時間差測定法、標定計算法（アルゴリズム）などに依存して、標定誤差が発生したり標定不能になったりする場合が起こる。また、AE 信号の到達時間差を用いて位置標定を行えないときには、1 個の AE センサの監視領域を定めるゾーン標定法や、AE 信号の各センサへの到達順位を考慮した信号到達順位法などを適用することがある。

(1)　信号到達時間差法
(a) 原理

複数個の AE センサを配置して、各センサに到達する AE 信号の到達時間差を測定するもので、位置標定を行ううえで、最も基本的かつ一般的な方法である。信号到達時間差を知るうえで必要な信号到達時刻を決定するには、包絡線検波波形を用いる場合と、入力した波形そのものに注目する場合の 2 通りがある。実験室において、また構造物試験において通常用いられるのは前者であり、この時にも、最初にしきい値を越えた時点を到達時刻とする場合と、最大振幅値に至った時刻を到達時刻とする場合の 2 通りの測定法がある。

なお、実験室において定量的波形解析など、精密な解析を行う場合には、入力したAE波形そのものに注目し、第一到達波であるP波到達時刻をもって、信号到達時刻とすることが一般的に行われる。

いまVを音速、tをAE源から第1到達センサまでの伝播時間、T_{i-1}を第1到達センサから第i到達センサまでの到達時間差、L_iをAE源(x, y, z)から第i到達センサ(X_i, Y_i, Z_i)までの伝播距離とすると、信号伝播方程式は、

$$V \cdot (t + T_{i-1}) = L_i \quad (i = 1, 2, 3, \cdots\cdots) \tag{2.8}$$

となる。ここでL_iは対象とするAE波伝播媒体で異なるが、たとえば3次元内実体では、

$$L_i^2 = (x - X_i)^2 + (y - Y_i) + (z - Z_i)^2 \tag{2.9}$$

となり、平面や円筒などのように、平面展開ができる場合には、

$$L_i^2 = (x - X_i)^2 + (y - Y_i)^2 \tag{2.10}$$

である。ここで、L_iは通常の2点開距離である。したがって、これらの関係式が未知数(t, x, y, z)の個数以上得られれば、連立方程式を解いて標定位置を求めることができる。すなわち、最小の場合、1次元で2個、2次元で3個、3次元で4個のセンサ間信号到達時間差が測定されれば標定計算が行える。

4個のセンサで、3個の時間差測定値T_1, T_2, T_3が得られるときには、上式から未知数x, yおよびtの2次項を消去することにより、3元連立1次方程式を得る。これを解いて、x, yそしてtを導き、平面位置標定を実施する。

センサ数が十分多く、未知数よりも方程式の数が多くとれる場合には、最小2乗法が適用できる。ただし、連立方程式では、一つでも計測誤差を多く含む方程式が含まれていると、全体の解の精度が極端に悪くなる。したがって、センサ数を増やして最小2乗法を適用したとしても、その解はあくまで第一次の近似解であると考えるべきである。

図**2.12**に直線（1次元）位置標定の、また図**2.13**に実機タンク底板の腐食損傷評価に用いられる、平面（2次元）位置標定の方法が、模式的に示されている。

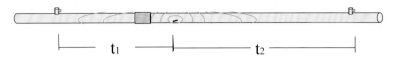

図 2.12 直線（1 次元）位置標定（$T_1 = t_2 - t_1$ を用いて位置計算を実施）

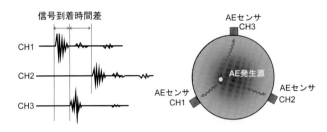

図 2.13 タンク底板の腐食損傷評価における平面（2 次元）位置標定

(b) 標定誤差

　一次近似解の改良には、反復法を用いることができる。最初に一次近似解を求め、真の解との誤差を順次置き直し、同様の操作を繰り返すことにより収束解が得られるまで反復計算を行う。こうして標定計算の精度を高めることが、実用的に広く行われている。

　正確な位置標定を行うには、適切なセンサ配置とそれに合った標定計算法、および正確なセンサ間信号到達時間差が必要となる。このうち、センサ配置と標定計算法については、一般的に用いられる試験片や構造物、たとえば球面（球型タンク）、円筒面（圧力容器）、3 次元実体（球体、立方体など）に対して、すでに適切と考えられる方式が開発されており、多方面で使用されている。したがって、現時点で標定精度を左右するのは、主として正確な信号到達時間差、すなわち各センサへの信号到達時刻が得られるかどうかということになる。

　正確なセンサへの信号到達時刻を求めるには、理想的な AE 波伝播媒体において、理想的なセンサ取り付け状況のもとで AE 計測を行う必要がある。しかしながら、このような理想状態は、実際上なかなか得ることができないために、標定誤差が生ずる。こうした誤差の原因として、

① AE 信号の伝播減衰やセンサの感度、しきい値設定などに起因する到達時刻の

測定誤差
② 計測装置の時間分解能に起因した、到達時刻の測定誤差
③ 伝播媒体の異方性などによる音速値の設定誤差
④ センサの取り付け位置の誤差

などが考えられる。

(2) ゾーン標定法

多数の繊維を内在するFRPでは、AE波の減衰が極めて大きく、また繊維配列に方向性があるため、音速に異方性が生ずる。したがって、こうした材料で構成される構造物において、信号到達時間差に基づく位置標定を行うためには、AEセンサを極めて密に配置しなければならず、また音速の異方性を考慮した複雑な標定計算を行う必要がある。このことは、たとえばFRP製タンクや圧力容器のような構造物でAE試験を実施するに際し、大幅な費用増大という問題を引き起す。こうした問題を避けるために、図2.14に示されるように、個々のAEセンサの有効検出範囲をあらかじめ調べ、その区域ごとのAE活動度を監視するゾーン標定法が用いられる。この標定法において、各センサの有効検出範囲は、シャープペンシル芯の圧折で入力した擬似AE信号を、所定のしきい値に設定したときに検出可能となる領域を確認して決定される。これにより、構造物上において、AE活動度の高い区域を限定できるために、AE源のおおまかな位置標定が行える。

ゾーン標定法は、FRP製構造物のみならず、複雑な形状の金属製構造物や、非常に大きな金属製構造物において、およそのAE発生位置を調べる目的で、実用的標定法として多用されている。

(3) 信号到達順位法

ゾーン標定法に信号到達時間差法の要素を取り入れ、標定精度を向上させた標定法である。図2.15に、その原理が模式的に示されている。この方法では、最初にAE信号の検出された区域と、2番目に信号が検出された区域の重ね合わさった部分をAE発生部位と考える。したがって、3番目、4番目と、より多くのAEセンサに信号が到達すれば、標定精度がより高くなる。金属製タンクなどの実構造物において、AEセンサの取り付け位置や、AE波の伝播特性にあまり影響を受けない、実用的な標定法であるとされている。

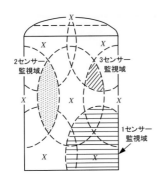
図 2.14　ゾーン標定法の模式図

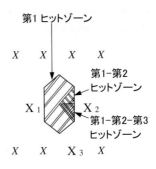
図 2.15　信号到達順位法

2.2 AE 計測装置

2.2.1 はじめに

電気計測技術に基づく、最初の近代的 AE 計測は、我が国において 1930 年代、レコード針と真空管を用いて、木材の破壊実験で行われた[10]。その後、金属や岩石に対して、マイクロフォンあるいは加速度計を利用し、現在は AE と呼ばれる弾性波の放出を検出する様々な試みが行われた。これらは、いずれも測定周波数が可聴域と重なっていたため、有効信号を背景雑音から分離して計測するのに、多くの困難をともなうものであった。

こうした問題を解決し、現代の AE 計測の基礎となる技術が確立されたのは、1960 年代半ばのことである。この時初めて、環境雑音の影響を受けない超音波領域の弾性波を検出可能なセンサと、このセンサで検出された電気信号の処理を行える計測装置が開発された。これにより、AE の適用範囲は実験室から実構造物における応用へと大きく拡がった。

現在使用される AE センサの大部分は、内蔵する圧電素子を用いて、入力した弾性波を電気信号へと変換する。この圧電型センサの技術開発は、ほとんどが 1980 年代前半までに終了している。一方、AE 計測装置については、1980 年代に CPU (Central Processing Unit) 並列処理を用いることにより著しい信号処理速度の向上が計られた。さらにエレクトロニクス技術の進歩とともに、1990 年代末には DSP (Digital Signal Processing) が適用され、入力信号を直ちにディジタル化して信号処理を行い、同時に波形収録が可能な装置が開発された。

2.2.2 AE センサ

(1) AE センサの特徴

AE とは固体内で起こる割れ、変形などの局所的微視変化や機械振動・摩擦などで解放されたエネルギーが弾性波として伝わり、それが外表面に高周波（数 10 kHz から 1〜2 MHz）の振動として現われたとき観測される現象である。したがってその計測には、固体表面において微小部の高周波振動を感度よく検出できるセンサ（振動計）が必要となる[11]。

振動計測とは、基本的には空間に絶対的に固定された点、すなわち不動点を基準として振動部のある点の動きを知ることで、このためには、

① 測定装置全体を振動体に取り付け、この取付け部分と装置の他の部分との相対運動によって観察するもの、
② 測定装置の1点を空間的に固定された基準点（不動点）に結合させ、他の1点を測定すべき振動体の点に（機械的・電気的または光学的に）結合させて観察するもの、

このような2種類の方法が考えられる。

　現在最も普通に用いられる圧電型AEセンサは、原理的には①に近いもので、センサ自身を計測体表面に固定し、圧電変換により機械振動を電気信号に変換している。このセンサは取扱いがきわめて容易であり、また共振特性をもたせることにより高感度かつ機械的雑音など低周波雑音に強い計測が行なえる。

　しかしながら、その反面十分広い周波数帯域で平坦な周波数特性を得ることは困難であり、また測定物理量が不明確であるという欠点をもつ。②のタイプのセンサとしては、容量型およびレーザセンサがある。両者とも広い周波数帯域で平坦な周波数特性を示し、また測定物理量も表面変位で明確であるが取り扱いが難しく、主として雑音制御の容易な実験室で用いられるというのが現状である。

(2) 圧電型AEセンサ

(a) 原理

　AEとは弾性波が固体中を伝わり、それが外表面に振動として現われたとき観測される現象である。したがってその検出に用いられるAEセンサは、一般に振動量を測定するために用いられる振動計の受振部と基本的には同様な構造をもつ。これには、**図2.16**に示すように、おもり、ばね、ダンパーを組合せた「振子装置」をわくに取り付けた構造のものが用いられる。ここで、わくとおもりの相対変位をyとすると、静止系を基準としたわくの変位xに関して、つぎのような非同次微分方程式が成り立つ。

$$m(\ddot{x} + \ddot{y}) = r\dot{y} + ky = 0 \tag{2.11}$$

　　　（ただし、m = おもりの質量、k = ばね定数、r = ダンパーの機械抵抗）

　次に、被測定振動を正弦振動と仮定すると、xは$x = j\omega x$、また$\omega = 2\pi f$、$j = \sqrt{-1}$のごとく表せるので（2.11）式を解いて、

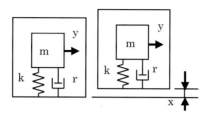

図 2.16 振動測定の原理

$$y = \frac{(f/f_0)^2}{\{1-(f/f_0)^2\}+j^{1/Q}(f/f_0)}x \qquad (2.12)$$

ここで f_0 は固有振動数であるから，(2.12) 式に近似処理を行うと，

$$f \ll f_0 : y \sim (f/f_0)^2 x = -(\ddot{x}/\omega_0^2) \qquad (2.13)$$

$$f \sim f_0 : y \sim -jQ\left(\frac{f}{f_0}\right)x = -\left(\frac{Q}{\omega_0}\right)\cdot \dot{x} \qquad (2.14)$$

$$f \gg : y \sim -x \qquad (2.15)$$

(但し，$\omega_0 = 2\pi f_0$，$Q = \sqrt{mk/r}$)

が得られる，すなわち，固有振動数 f_0 に比べて計測する振動数が著しく小さい場合は加速度 $\ddot{x}$ に，同程度の場合は速度 $\dot{x}$ に，また著しく大きな場合は変位 x に比例する相対変位 y が得られることになる．

(b) 圧電素子の性質

キュリー点以下の温度で強誘電性を示し，自発分極をもつ圧電性結晶では，応力 T，およびひずみ S なる弾性量と，電界 E および電気変位 D，あるいは分極 P なる誘電的量とが，圧電効果を介して互いに関連し合い，電気・機械結合を形成している．したがって，圧電材料を用いた AE センサは機械端子と電気端子をもつ 4 端子として取り扱うことができる．

ここで図 2.17 に示されるように，入力する弾性波が電気信号に変換される際に，圧電性との関連で，弾性波の伝播方向が電気軸に（イ）直角な場合（横効果），（ロ）平行な場合（縦効果），（ハ）直角な面内のずれ，（ニ）平行な面内のずれ，の 4 種に分類できる[12]．一般の AE センサでは，共振周波数に合わせて適当な直径および厚さに切り出し，厚み方向に分極して縦効果を利用した円板状の振動子が多く用い

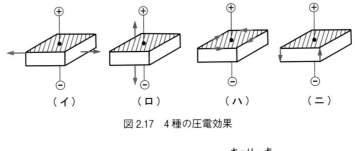

図 2.17　4 種の圧電効果

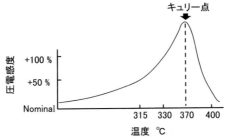

図 2.18　圧電感度と温度との関係

られている。

　図 2.18 は、圧電感度と温度との関係を示したものである。感度は温度の上昇と共に増加し、キュリー点付近で最大値を示すが、この点を過ぎると著しく低下し、やがて圧電性は消失する。したがって、キュリー点の温度がセンサの実用温度を決めることになる。古くから用いられている圧電素子であるチタン酸バリウムの場合キュリー点が約130℃付近であるため、センサの実用温度は常温付近に限られる。しかしながら、チタン酸鉛のキュリー点は約370℃付近であり、これを用いれば200℃以上での計測も可能である。さらに、キュリー点が約1200℃のニオブ酸リチウム素子で構成されるセンサでは、数100℃での計測が行える。

(c) 圧電型センサの構成

　図 2.19 に圧電型センサの構成例を示す。(a)は一般的な不平衡型のセンサであり、(b)は雑音軽減の目的で同相成分は除去されるが、逆位相成分は著しく増幅される差動型増幅器に連動して用いられるセンサの例である。ここでは、圧電素子をエポキシなどの樹脂で固めることによりダンピングをかけている。

（ⅰ）共振型センサ

実験室および実構造物で最も一般的に用いられるセンサである。普通は数10kHz〜1MHzの適当な周波数域に大きな共振をもたせているため、非常に高感度である。図2.19 に示されるように圧電素子上におもりはのせておらず、その動きを（2.13）式〜（2.15）式で記述することはやや無理が伴い、素子自身をばね、およびおもりと考える分布的取扱いが必要である。

共振周波数は、用いられる円板状素子の直径および厚さで決まることが知られているが、面の固定された有限円板の振動を3次元的に示す解析解は今のところ与えられておらず、その挙動を正確に記述することは困難である。しかしながら、有限要素法を用い、数値的にその動きを表わす試みがなされており、素子の共振挙動も明らかになりつつある。

共振型センサで測定される物理量は、共振周波数付近（固有振動数付近）の振動が著しく強調されているため、（2.14）式で示されるように、主として速度$\dot{x}$と推察される。しかし、AE波はかなり広範囲にわたる周波数特性をもつので、実際に計測しているのは、変位xや加速度$\ddot{x}$の影響をも含んだ合成量になっていると考えられる。また、出力される波形はセンサの共振特性に強く影響され、入力波形とは全く異なる点に留意する必要がある。図2.20 に、このセンサの共振点付近における等価回路を示す。

（ⅱ）広帯域センサ

AE波はかなり広帯域に周波数成分を持つため、入力波の正確な波形解析、あ

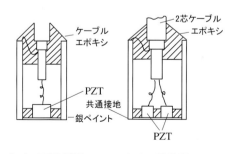
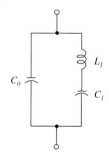

図2.19 圧電型 AE センサの構成　　　図2.20 共振点付近の等価回路

るいは周波数解析を行うには、十分広い周波数帯域で平坦な感度特性を示す、広帯域センサが必要である。

広帯域センサを得るには；①共振特性を弱め、比較的広い周波数域に応答するように調整する、②共振周波数の異なる素子を複数個併用する、③共振周波数を高く設定し、それよりはるかに低周波域の比較的感度特性の平坦な部分を用いる、④テーパ状素子を用いる；などの方法があるが、いずれも、感度、周波数特性、測定物理量、などに一長一短の性質を持ち、全ての要求を満足するセンサを得ることは難しい。

アメリカの NIST（National Institute of Standards and Technology）が開発した変位測定型 AE センサでは、極めて小さな素子の上に大きな質量を乗せ、固有振動数 f_0 を小さくすることにより、f_0 より十分大きな周波数帯域で変位測定を可能にしている。このセンサは、数 10kHz～1MHz の帯域でほぼ平坦な周波数特性を示し、通常の共振型センサと同等の感度を有している。

レーザ型センサは、極めて広い周波数帯域で平坦な周波数特性を示し、また測定する物理量も変位と明確な特性を持つが、感度が共振型センサに比べ一桁程度小さく、さらに取り扱いが複雑なため、実験室などの特殊な環境以外に、実構造物などで適用されることはほとんどない。

(iii) 特殊なセンサ

特殊な使用条件に対応して、種々のセンサが開発されている。たとえば、微小な被計測体に対して用いられる超小型センサ（センサ径 3.5mm）、水深数 10m の海水中で使用可能な水中センサ、感度に方向性をもつ指向性センサ、実機適用の目的で機動性をもたせたプリアンプ内蔵センサ、製油所、化学プラント、炭鉱内などで用いられる防爆型センサなどである。

高温での AE 計測には、高いキュリー点温度をもつ圧電素子（現在のところ使用可能最高温度は約 550℃）を用いたセンサを直接被計測体に取り付ける方法と、導波棒を用いる方法がある。導波棒使用に際しても、導波棒先端に室温使用のセンサを取り付けて計測する場合と、導波棒に直接圧電素子を組み込み、一体化して計測する場合がある。

最も一般的に使用される圧電型 AE センサの寸法は、直径 10～20mm、高さ 20mm 程度である。しかし、直径 10mm 以下の小型センサ、さらに直径 5mm

以下の超小型センサが市販されている。

　超小型 AE センサは、小型、軽量という特徴により、機械加工システムなどのマシーンモニタリングやロボットアームの接触センシングなど、スマート工場に関連し多方面で使用されている。量産化体制も整備され、需要の増大と共により低価格で安定的に供給できる体制が整えられている。

(3) AE センサの感度校正

　AE 計測を標準化するには、AE 発生源の標準化とともにセンサの絶対感度校正が必要である。これらの問題は極めて重要であり、難しい点を多く含んでいるが、長年の研究成果により多くの問題点が解決され、信頼性の高い絶対感度校正が行えるようになった。

　現在用いられている AE センサの絶対感度校正法としては、主に二方式があげられる。一つは米国の NIST が開発した表面波インパルス応答法[13]であり、もう一つは我が国で開発された相互校正法[14]である。

　表面波インパルス応答法では、**図 2.21** に示すように、まず応答関数の知れた伝播媒体（半無限弾性体：A）と伝達関数の知れたセンサ（容量型センサ：G）を用い、基準 AE 発生源（ガラス細管の圧折）の評価を行い、次にそれを基に一般のセンサの応答を調べ、校正を行っている。ガラス細管の圧折は、数 MHz 程度にまで至る広い領域で、周波数特性が比較的平坦なインパルス状表面波を与えるため、物理的意味の明確な感度校正が行える。しかし、ガラス細管の圧折には多くの手間がかかるため、類似の AE 波を与えるが、より簡便に発生可能な電気火花の放電を用い、前者との比較により補正を考慮した上で、市販のセンサに対して校正がなされている。

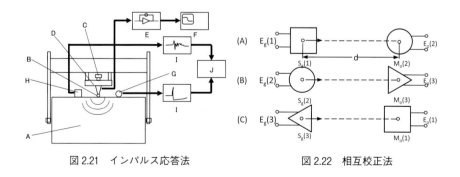

図 2.21　インパルス応答法　　　　　図 2.22　相互校正法

一方、相互校正法とは、従来から電気音響機械に用いられてきたマイクロフォン3個を用いた方法を、AEセンサの校正に適用したものである。これはセンサの電気的特性の計測のみで、音圧の測定を行わずにすむという特徴を持つ。図 2.22 に示されるようにセンサ3個を用い、送波、受波を繰り返す。

　これらの二方式で得た同一センサの絶対感度校正曲線を比べると、両者はよく一致するとの報告がある[15]。全く異なる方法で行われた絶対感度校正が一致するという事実は、センサの感度校正における定量的評価がある程度確立されたことを示すものと考えられる。

　このほかによく用いられる簡便な校正法として、接触法がある。比較的広帯域な特性を持つ基準器に校正すべきセンサを密着させ、基準器に加えた電圧とセンサ出力電圧の比を周波数の関数としてデシベル単位で表す。計測される周波数特性の中には基準器の特性も含まれており、また、測定物理量と出力電圧との対応もできないため、得られる校正曲線はあくまで相対的なものである。したがって、この方法で校正されたセンサを用いて得られたデータの定量的評価を行うことは、事実上不可能である。

(4) AEセンサの計測周波数帯域の選択

　AE計測の際に対象となる周波数は、kHzオーダーからMHzオーダーに至る、き

表 2.2　各分野における AE 計測周波数帯域

	計　測　周　波　数　帯　域
材料評価試験 ・金属材料 ・複合材料 ・セラミックス ・コンクリート ・岩石	 数 10kHz ～ 1 MHz 数 10kHz ～ 1 MHz 100kHz ～ 数 MHz 数 10kHz ～ 数 100kHz 数 10kHz ～ 数 100kHz
構造物診断 ・鋼構造物の健全性評価 ・FRP構造物の健全性評価 　　　同　上 ・コンクリート構造物のモニタリング ・岩盤のモニタリング ・リーク検出 ・機会要素の工程監視 ・コロナ放電モニタリング	100kHz ～ 300kHz（ASME 規格） 100 ～ 300kHz（部分監視用、ASME 規格） 30 ～ 100kHz（全体監視用、ASME 規格） 数 kHz ～ 数 10kHz 数 100Hz ～ 数 10kHz 数 kHz ～ 数 10kHz 数 10kHz ～ 数 100kHz 数 10kHz ～ 数 100kHz

わめて広い帯域幅を持つ。波形解析や周波数解析など特別な目的でAE計測を行う場合以外、通常は被計測体の物性、寸法、形状などにより、最適計測周波数帯域が存在する。したがって、感度特性を良好にし、高感度の計測を行う目的で、その周波数帯域に共振点を持つ共振型圧電AEセンサが用いられる。表2.2に、各々の計測目的で一般的に適用される計測周波数帯域をまとめてある。

2.2.3 AE計測装置
(1) 基本構成

　AE計測装置として、単機能型からコンピュータ制御の万能型まで、多種多様な製品が市販されている。しかしながら、その最も基本となる構成はいずれの装置でも共通で、一般的なブロック図が図2.23に示されている。すなわち、(a) AE信号を電気信号に変換するAEセンサ、(b) AEセンサの近くに設置し、増幅やインピーダンス変換を行うプリアンプ、(c) AE計測装置本体内にあり、信号を増幅するメインアンプ、(d) 振幅、エネルギー、到達時刻などのパラメータを抽出するパラメータ抽出部、(e) 抽出されたパラメータや外部入力パラメータを用いて演算を行う演算部、(f) 得られた結果を出力する出力・表示部などから構成されている。このほか、周波数帯域を制限

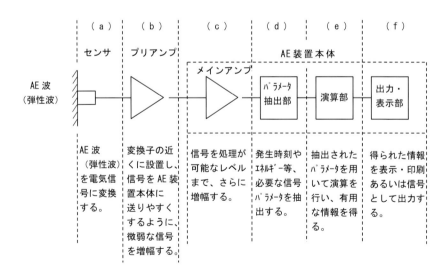

図2.23　AE計測装置の基本構成と機能

するためのフィルタ、波形表示装置、波形記録・記憶装置、パラメータ記憶装置などが組み込まれる。

現状の計測装置では、ディジタル処理により、多種多様な機能を容易に実現できる。たとえば、AEパラメータを抽出すると同時に観測されるAE波形のすべてをディジタル情報として記憶・処理することも可能である。さらに、増幅器の利得やしきい値などもコンピュータ制御により設定される。

(2) 歴史

ドイツにおけるKaiserの研究から遅れること約10年、1960年代前半になると我国の茂木らが岩石のAEに関する研究成果[16]を盛んに発表し、それとほぼ同時期に超音波領域の弾性波放出（AE）を検出する装置を米国のDuneganらが考案し、金属に対して適用し始めた。その後1960年代後半に入ると、圧電型センサ、プリアンプ、カウンタからなる初歩的なAE計測装置が市販されるようになり、多くの材料に対してAE試験が行われるようになった。

1960年代末から1970年代初めに入ると、画期的なAE計測装置が開発され、市販されるようになる。これはDunegan 3000シリーズと呼ばれ、1970年代を通して世界各国で標準装置となり、我国でも国内メーカーが国産器を開発するにあたり、モデルとした装置である。

センサ、プリアンプの他にビン電源とデュアルアンプからなる基本構成に、デュアルカウンタ、アンプリチュード ディテクタなどのモジュールを、必要に応じて付け加えていくことにより、空間フィルタ（位置標定機能）を含め、現在使用されているAE計測パラメータの大部分を適用可能な装置を構築できる。最終的にはコンピュータ・インターフェイス・モジュールを介して、初期の卓上型コンピュータに接続し、データ処理を迅速、かつ容易にすることも可能であった。この装置は基本的には2チャンネルで使用されたが、多チャンネル化し、最大32チャンネルまで増設して、各種位置標定ソフトウェアを付加したのがDunegan 1032システムである。このシステムでは、圧力容器、球型タンクなどに対して位置標定機能を持ち、AEを各種構造物の健全性評価試験に適用する上で、大きな役割を果たした。このシステムにおいて、チャンネル数の増設はアンプモジュールをビンに挿入して行うのに対し、1970年代の終わり近くになると、増設は信号処理ボードを挿入するだけですむようになる。

すなわち、図2.24に示すように2チャンネル分のアンプ部、および信号処理部か

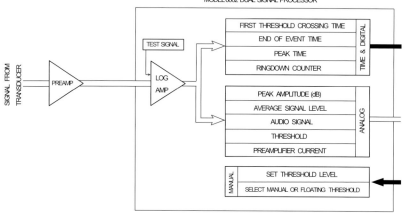

図 2.24 Dunegan DART (Data Acquisition in Real Time) 信号処理ボード

らなるボードをシャーシに挿入することにより、直ちにチャンネル数が増設される。さらに、それまで異なる機能を付加するためにはそれぞれ必要であったモジュールを追加するという作業なしに、現在使用されている全ての AE 計測パラメータを、全てのチャンネルに対して処理することができるようになった。この信号処理部と、ミニコンピュータから成る装置は 1032 DART システムと呼ばれ、各種構造物の AE 試験を実施する上で 1980 年代前半における世界の標準 AE システムとなり、1990 年代まで広く使用された。

1980 年代に入ると、AE データ解析用 CPU を内蔵する卓上型 AE アナライザが登場する。このタイプの装置では、一枚のボードに全ての信号処理部が組み込まれているため、3000 シリーズのようにパラメータごとにモジュールを増設する必要はない。またデータ解析用の専用コンピュータが内蔵されているために、解析のために外部コンピュータと接続する必要もなく、機能性の高いシステムである。こうしたアナライザとして、PAC（Physical Acoustics Corporation）3400 アナライザや Dunegan 8000 計測システムが市販された。

この種のシステムは、コンパクトで操作性がよいため、あまり多くのチャンネル数を必要としない実験室において、1980 ～ 90 年代を通じ広く使用された。こうした AE アナライザで確立された技術をもとに、さらに新しいエレクトロニクス技術を取り入れ、CPU を複数化して操作性、データ取得および解析能力を高めたのが 80 年代

図 2.25　PAC 社製多チャンネルパラメータ解析 AE システム（SPARTAN）

後半に開発された PAC 社製 LOCAN シリーズ、および図 2.25 に示される SPARTAN AE 計測システムである。

(3) 多チャンネルパラメータ解析 AE システム

　LOCAN シリーズおよび SPARTAN システムを通じて特徴的なことは、マイクロプロセッサを内蔵する ICC ボード（図 2.26）において、しきい値を越えて入力するすべての AE 信号に対して、通常の AE パラメータ（リングダウンカウント数、エネルギーカウント数、振幅値、信号継続時間、信号立上り時間、平均周波数、RMS など）や外部入力パラメータに加えて、信号入力の絶対時刻からなるデータセットが形成され、すべて記録することである。こうした信号処理法はヒット処理と呼ばれ、これ以前に行われていたいわゆるコインシデンス処理法に比べ、直線、平面、立体などの位置標定を行う際に、きわめて優れた特性を有している。

　一般的に、コインシデンス処理を行う場合には、直線位置標定では 2 個の AE 信号が、平面位置標定では通常 3 個の、また 3 次元位置標定では通常 5 個以上の AE 信号が異なるセンサに入力し、それがセンサ配置で規定される信号到達時間差、および時系列を満足した時に初めてイベント発生とみなされ、第 1 到達信号の信号入力時刻および各センサ間の信号到達時間差、さらに必要なパラメータ等のデータが記録される。

　この処理法の大きな問題点は、処理を行うのに必要なセンサ全てに信号が入力されない場合、例えば平面位置標定を行っている時に、2 個のセンサしか信号が入力されない際には、有効信号と見なされず、このデータは無視され記録も残らないことであ

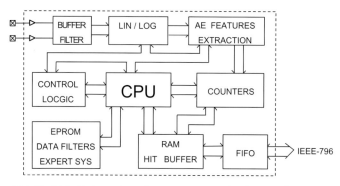

図 2.26 ICC (Independent Channel Controller) ボードのブロック図

る。またセンサ間の信号到達時間差のデータしか記録されないために、センサ間の組合せを変更することや、いったん 3 次元位置標定で取得したデータを用いて、平面標定を試みる、などという変更は不可能である。

　しかしながら、ヒット処理によれば、しきい値を越えた全ての AE 信号に対して AE パラメータ、および外部入力パラメータとともに、信号入力の絶対時刻が記録されるため、コインシデンス法を用いて位置標定を行う際に生ずる可能性のある無効信号が発生する恐れがなく、またいったん取得したデータに対して、センサの組み合わせの変更、3 次元から平面へ、また平面から直線へなど位置標定機能の変更、さらにセンサ間距離や音速の変更などを自由に行うことが出来る。このように、ヒット処理法は、コインシデンス処理法に比べ、データ取得上およびデータ解析上からも優れた特徴を持つため、現在使用される AE 計測装置の基本的信号取得法となっている。

(4) ディジタル AE 計測システム

　1990 年代半ばになると先端のディジタル信号処理 (DSP: Digital Signal Processing) 方式を用いた、ディジタル AE 計測・解析システムが開発された。システム本体は、ディジタルボードを PC のシャーシ内に組み込むだけで構築され、モジュール間の結線等は全く不要なため、取り扱いが簡単で、チャンネル数の増設も容易に行える。アナログ型システムにはない、優れた特徴として、以下の項目があげられる。

(1) DSP により、AE パラメータと AE 波形をリアルタイムで同時に収録・解析・表示可能。

(2) AE 波形の分解能は 16～18 ビットであり、極めてダイナミックレンジの広い計測が可能。1 秒間に各チャンネル当たり 20,000 個以上の AE 信号を処理し、AE パラメータのデータを記憶媒体に収録可能。
(3) 内蔵したプログラマブルフィルタにより、16 種以上の周波数フィルタから任意のものを選択して適用可能。またディジタルフィルタもリアルタイムで適用可能。
(4) 取得した AE 信号波形、およびその周波数解析結果を、AE パラメータ解析結果と同時に、同一のモニター画面上にリアルタイムで表示可能。

　これらの仕様は、リアルタイム AE 計測用ソフトウェアを用いて実現できる。さらにポスト処理用ソフトウェアを適用することにより、モーメントテンソル解析などの定量的波形解析や、収録した AE ディジタル波形から任意の AE パラメータを抽出することにより、ポスト処理としてパラメータ再解析を、任意の条件で行うことも可能である。

　図 2.27 に示される最新型のボードには、8 チャンネル分の回路が組み込まれ、市販の PC を用いる場合に最大 32 チャンネル、また専用の拡張シャーシを準備すれば、最大 128 チャンネルのシステムを容易に構築できる。現在、材料評価用実験室システムとして、あるいは金属製構造物や FRP 製構造物、土木構造物の健全性診断システムとして、また軸受診断など設備診断や機械装置の状態監視に広く用いられている。

図 2.27　8 チャンネル対応最新型 DSP AE ボード（PAC 社製 Express 8）

(5) 専用機

(a) リーク（漏洩）モニター

　この装置は、化学あるいは石油化学工場において、リーク発生を検出するための連続監視用に開発された。ユーロカードタイプのAEチャンネルカード8枚を1台のシャーシに組み込み、4もしくは8チャンネルを1つの単位として、工場内の各構造物の監視にあたる。圧力容器において、最もリークの起こりやすい部位、例えばノズルとパイプの接合部などにセンサを取り付け、容器全体は4チャンネル、あるいは8チャンネルで監視する。

　有意な信号が検出されると、予め設定した2段階の警報レベルを参照し、実際にリークが生じた場合に警報を発生する。使用するセンサは、防水処理、プリアンプ内蔵60kHz共振型センサである。高圧溶液のリーク発生時には、突発型のAE信号が連続的に発生するために、RMS電圧ではなく、AEエネルギーを計測パラメータとして用いている。この装置は、世界各地にある化学工場の中央制御室に据え付けられ、長時間にわたるリーク連続監視（IoT）の実績が報告されている。

(b) 構造物診断専用装置

　航空機の疲労試験時などに、機体全体のAE監視を行うために構造物診断装置が開発された。主シャーシにCPUモジュールとAEチャンネルカードを4チャンネル分、さらに拡張シャーシに同10チャンネル分を組み込み、最大64チャンネルのAE監視システムが構築される。AE計測パラメータは、信号入力時刻、信号継続時間、振幅値、エネルギーカウントもしくはリングダウンカウント、RMSなどであり、このほかに高精度の外部入力パラメータを8チャンネル分計測できる。機体監視には、AEエネルギーを計測パラメータとして用いるのが最も効果的であることが確認されたため、GPIBを介して接続する外部PC用に、ひずみあるいは荷重などの外部パラメータ変化と、AE信号発生との相関を解析するソフトウェアが開発された。

(c) IoT用AE計測装置

　振動や音、応力、温度などを計測するIoT機器は、今日多く存在する。しかし、これらがセンシングするデータは、基本的に損傷が進行した後の2次的現象を取り扱うため、一般的に考えられがちな、「IoTで様々なデータを採取して判断すれば、

損傷発生・進行に関する有用な情報を直ちに得られる。」ということは期待できない。これに対し、AEは損傷の根本的な現象であるクラックや摩耗により発生する信号を検出するため、損傷の初期段階をとらえる技術として、極めて有用である。しかしながら、取り扱う周波数帯域が非常に高いため、IoT機器として使用する際に、信号処理、データ転送、データ解析などに関して、高度な処理が必要となる。

例えば、最も需要の多い金属製構造物の健全性評価や、工場の設備診断にAEを適用しようとする際、発生するAEの周波数成分は100kHzを超えるため、データ量が膨大になり、発生源の元信号をそのまま回線を通してコンピュータやクラウドに転送することは、実質的に不可能である。

一般的に材料の欠陥や、設備の健全性を評価する場合、AEパラメータとして、
① クラック進展量と相関のある発生数（ヒット数）
② クラックの進展距離と相関のある振幅値
③ クラックの進展面積、あるいは摩耗体積と相関のあるエネルギー
④ 接する2物体間の摩擦係数と相関のあるRMS

など、4つのパラメータが重要である。そこで、実用的なIoT用AE計測機器としては、波形そのものではなく、上記のパラメータをエッジ（センサ近くの現場）で処理し、データ化する方法が主流となる。

しかし、この技術を構築するのは容易ではない。例えば、軸受の評価を実施する場合、発生するAEの周波数は300kHzを超えるため、波形のサンプリング周波数として3MHz以上が必要になり、このサンプリング速度で1秒間に数百個以上発生するAE信号を処理し、パラメータをリアルタイムで評価してデータを転送する必要がある。したがって、IoT用AE機器においては、コンピュータによる処理だけで要求される解析機能の達成は困難で、FPGA（Field-programmable gate array）を使用し、ハードウェア記述言語（HDL）を活用することが必須である。

さらに、AE信号は微弱であるため、最初に入力するアナログ信号を取り扱う際に、経験に基づく高度なアナログ回路設計、基板設計、実装技術が必要である。このように、高度な技術仕様が要求されるが、近年IoTへのAE適用に対する需要が増加したため、核となる上記の信号処理部分がメーカーで基板化され、小型で安価な製品が提供されるようになった。それゆえ、ユーザーは難しいAEの信号処理やデータ転送などについて意識する必要がなくなり、市販のボードを使用することにより、直ちに適切に処理されたAEデータを採取でき、データ解析を行えるようになった。

こうした状況を示す流れ図が、**図 2.28** に与えられている。

図 2.29 に、IoT 機器として開発された AE 評価ボードを示す。AE センサで検出された AE の上記 4 パラメータを、本ボード上でリアルタイムに評価し、USB や RS232C などの汎用インターフェースを通じて計測・転送できる。また、上部のコネクターに ZigBee や Wifi などの通信インターフェースを装備することが可能で、無線でデータを転送できる。**図 2.30** に、採取された AE データ例を示す。AE が発生した日時と振幅値、エネルギー、RMS が取得されている。

IoT を実施する場合、データ情報を転送する情報網の能力に限界があることを忘れてはならない。AE を計測する場合、このようなシンプルなデータを扱うために、

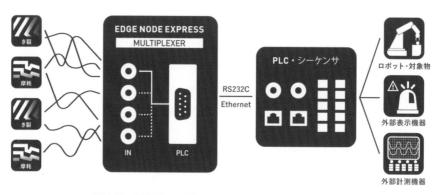

図 2.28　最新型 IoT 用 AE 計測装置の概念を示す流れ図

図 2.29　IoT 用 AE 評価ボード

情報量の点で大きな利点となる。従来、AE を計測しようとする場合、たいへん高価な装置が必要であった。しかし、現在では**図 2.31** に示すような、数十万円以下で入手可能な入門用装置も開発・発売されている。本装置は、USB を介してコンピュータに接続し、計測されたデータは CSV で記録されるので、ユーザーは

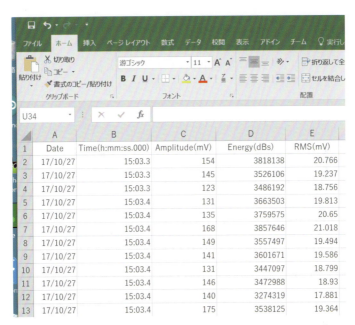

図 2.30　採取された AE データ例（AE 発生日時、振幅値、エネルギー、RMS を表示）

図 2.31　入門用 IoT AE 計測装置

図 2.32　ライン用 IoT AE 計測装置

EXCEL等でデータを処理することができる。さらに、ラインで使用する場合などには、**図2.32**に示すような、設備機器と同期してデータを判断し、必要な際に警報を出力するライン用機器も市販されている。

2.2.4 まとめ

圧電型AEセンサに関する限り、技術的には1980年代までにほとんど完成され、ここ20年来大きな変化は見られない。実際、現在使用されている大部分のAEセンサは、すでに30年以上前から市販されており、90年代に入って新たに開発されたのは、コンクリート内埋設用防水型センサなど、特殊な用途に使用されるものがほとんどである。

一方、AE計測システムについては、エレクトロニクス技術の発展とともに、1990年代に大きな変化が起こった。すなわち、情報化そしてディジタル革命という大きな流れの中で、AE計測技術も信号処理、解析ソフトウェアの分野で、長足の進歩を遂げた。1980年代のアナログ装置において、多チャンネルでパラメータ解析と波形解析を同時に行う場合、独立した CPU と、信号処理部、および波形解析部から構成されるシステムを組み込むために、複数のラックが必要であった。今日、これらすべての能力を持つ、32チャンネル以上の多チャンネル卓上型システムを、容易に得ることができる。

さらに最近の技術的進歩により、IoT専用のAE計測システムが開発され、センサと信号処理部の結線が有線・無線に関わらず、新たな時代の要請に対応した連続監視システムを、容易に構築することが可能になっている。

2.3 AEによる材料評価試験

2.3.1 荷重の負荷方法

実験室において、材料の強度や特性を評価するために通常行われる材料評価試験として、引張試験、曲げ試験、破壊じん性試験、疲労試験などがある。AE計測は、材料の変形特性や微小クラックの発生、あるいはクラックの成長履歴などを評価する目的で用いられる。これら試験時における、荷重負荷方法と、試験片上におけるAEセンサ取り付け位置を、模式的に**図 2.33**～**図 2.35**に示す。

図 2.33に、引張試験時に用いられる負荷方法が示されている。引張試験には、たんざく形試験片や、丸棒試験片が一般的に用いられる。負荷時に、チャック部と試験片間ですべりが起こらないように試験片の両端をチャックによく噛み込ませ、適切な速度で荷重を負荷する。試験時の塑性変形や双晶変形、マルテンサイト変態などに伴うAE発生を検出する目的で計測を行い、ほとんどの場合、1個のAEセンサで検出された信号を解析すれば十分である。ただし、試験片とチャック間のすべりに起因する雑音が大きい時には、AEセンサを2個取り付け、1次元の位置標定を実施するこ

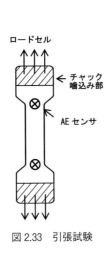

図 2.33 引張試験

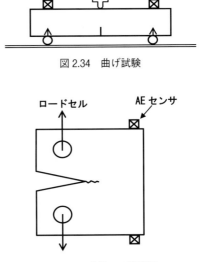

図 2.34 曲げ試験

図 2.35 破壊じん性試験

とにより空間フィルタをかけ、試験片両端部から入力する雑音を除去したうえで、有意な AE 信号のみを解析する方法が適用される。

図 2.34 に、3 点曲げ試験時における、負荷方法が示されている。こうした試験はコンクリート供試体の強度や破壊特性の評価によく用いられる。通常 2 個の AE センサを供試体の両端付近に取り付け、空間フィルタをかけて雑音を除去した後、有意な信号に対して解析を実施する。

図 2.35 に、破壊じん性試験時における、負荷状況が示されている。一般的に用いられる CT（Compact Tension）試験片における負荷方法と、AE センサの取り付け位置を、模式的に示してある。通常、AE センサ 2 個を試験片の両端に取り付け、疲労予き裂先端で生ずるクラックの進展を検出・評価する。

疲労試験は、図 2.33 〜図 2.35 において、繰り返し荷重を負荷することで行われる。したがって、基本的な荷重負荷方法や AE センサの取り付け方法は、引張試験、曲げ試験、破壊じん姓試験などに適用されるものと同じである。ただし、荷重が常時変動するため、荷重支持点となるチャック部やピン部で機械的雑音が継続的に発生する場合が多く、こうした雑音を除去するために、空間フィルタが使用される。また、繰り返し荷重下において、AE 発生は荷重位相に依存するので、両者の関係に注目したデータ評価が行われる場合が多い。

2.3.2 外部入力データのサンプリング方法

材料試験、および構造物の AE 試験において、材料特性や構造物の健全性を評価する場合に、荷重、ひずみ、変位、圧力など外的に加わる刺激を表すアナログデータを、外部パラメータ データとして AE 計測システムに入力し、試験中に検出される AE データと関連付けた解析が行われる。

こうしたアナログデータは、通常 ± 1 V 〜 ± 10V の信号として入力され、ディジタル化した後にアナログ パラメータ データとして、AE データと一体化してデータセットを形成する。サンプリング速度は、一般的な材料試験では 1 サンプル / 秒程度であるが、短時間で破壊が起こる衝撃破壊試験や、疲労（変動）加重下で荷重位相と AE 発生状況との相関を詳細に解析したい場合には、10 〜 100 サンプル / 秒の速度でサンプリングを実施する場合がある。

一方、SCC（応力腐食割れ）やクリープ試験などにおいて、数週間〜数ヶ月に渡る長期間の計測を実施する場合には、荷重やひずみなどのサンプリング速度を、1 サン

プル/10秒〜1分に設定することがある。

　構造物のAE試験を実施する場合も、アナログデータの採取方法は、基本的に材料試験の時と同じである。圧力機器の試験時には、圧力トランスデューサからのアナログデータをAE計測装置に入力し、AEデータとともに取り込む。また橋梁などにおいては、梁のたわみを表す変位量や、鉄筋のひずみ量などのデータが、外部パラメータとして採取される。構造物の試験において、アナログ信号を直接AE計測装置に入力できない場合には、ポテンショメータを用いて、手動で間接的にデータを入力することがしばしば行われる。

2.3.3　データ解析事例

　材料試験、あるいは構造物のAE試験で検出されたAEデータは、横(X)軸として荷重、変位、ひずみなどの変化を取り、縦(Y)軸に検出されたAE活動度（振幅値の履歴や、ヒット数、カウント数、エネルギーなどで与えられるパラメータ値の総和、あるいは発生率の履歴）を表すことにより、クラックの発生や成長などAE発生原因となる現象を捉え、解析するのが一般的である。

　引張試験や曲げ試験、破壊じん性試験においては、横軸に時間を取り、AE活動度と荷重や変位などの変化を同一のグラフ上に表示することが多い。また、SCC試験やクリープ試験など、極めて長時間を要する試験の場合にも、横軸に時間を取ることがしばしば行われる。

　荷重あるいは、時間に対する履歴をグラフとして表す場合、荷重あるいは時間の初期値と最大値の間を適切な数のbin（区間）に分割して解析が行われる。bin数として通常は100あるいは200などが用いられることが多く、1個のbin内において、最小値から最大値にいたる（Min−Max）累積値が、そのbinのデータとなる。解析グラフにおいて、binのデータをそのまま表示したものが発生率（レート）の履歴を与え、またbin番号の小さいデータから順に合算して得られる結果が、累積履歴を与える。

　AEデータの解析には、雑音を除去し、異なるAE発生源を識別するために、振幅分布がよく用いられる。これは、検出されたAE信号の振幅値と、その振幅値を持つ信号検出数の関係を両対数グラフ上に示したものである。

　図2.36に高強度アルミニウム合金の破壊じん性試験時の、また図2.37にCFRP製パネルで補強されたコンクリート梁供試体の3点曲げ試験時[17]に観察された、AE活動の状況が示されている。荷重等の変化に対応し、AE活動度が急増する点をもっ

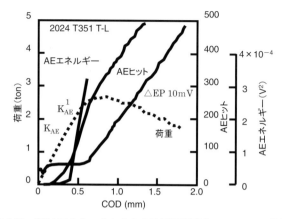

図 2.36　2024 アルミニウム合金の破壊靱性試験における AE 特性

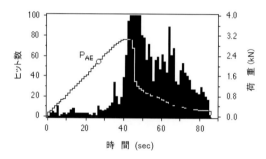

図 2.37　CRFP 製パネル補強コンクリート梁の 3 点曲げ試験時の AE 発生状況（AE ヒット計数率および荷重の履歴）

てクラックが発生し、あるいは既存のクラックが成長を始めたことが明確に示されている。

　図 2.38 は、CFRP 積層板の引張試験時[18]に観察された振幅分布の推移を、荷重の増加に対応して 3 次元的に表示したもので、荷重増加とともに検出される AE 信号の振幅値が増大し、またその数も増加することが示されている。

　図 2.39 に、SiC/Ti 合金の破壊試験[19]で計測された AE 信号のイベント数、および振幅値の履歴を、荷重曲線とともに示してある。破壊進行とともに検出されるイベント数が急激に増加し、同時により大きな振幅値を持つイベントが多く発生するようになることが認められる。また図 2.40 は、ガラス繊維織物／エポキシ積層板の 4 点曲

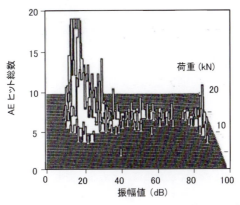

図 2.38　CFRP 積層板の引張試験時に観察された荷重増加による振幅分布の変化

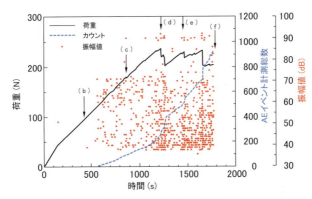

図 2.39　SiC/Ti 合金複合材料の破壊試験における荷重−変位曲線と AE イベント数ならびに振幅値の関係

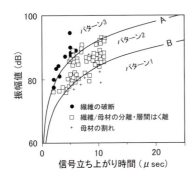

図 2.40　ガラス繊維織物／エポキシ積層板の破壊時に検出された AE 信号の信号立上り時間と振幅値の相関

第 2 章　アコースティック・エミッション（AE）の基礎

げ試験[20]で検出された AE 信号に対して信号立上り時間と振幅値との相関を表わしたもので、繊維の破断、層間剥離、母材のクラック発生など、異なる損傷様式をこうした解析により識別可能であることを示している。

2.3.4 腐食評価試験
(1) はじめに

社会基盤構造物の主要部分を構成する金属製構造物において、劣化・損傷の多くは、腐食に起因することがよく知られている。既に 1970 年代から、腐食、応力腐食割れ（SCC）、腐食疲労（CF）などの腐食損傷にともない発生する AE の基礎研究が行われていた[21]~[25]。しかし、その後系統的な研究は、世界的に見ても、あまり報告されなくなった。

一方、1990 年代以降になると、AE 法による実構造物における腐食損傷評価が、広く実施されるようになった。本項では、1970 年代に始まる腐食の AE に関する基礎研究についてまとめてある。

(2) 腐食損傷に起因する AE 発生源

AE 法を腐食損傷の検出に適用し、腐食過程あるいは SCC などによる変形、割れ過程を評価するには、AE の発生源を明らかにするとともに、計測される AE 信号の特

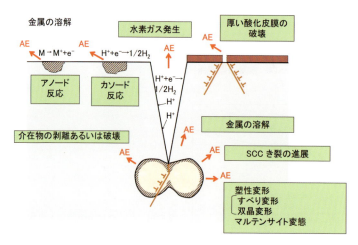

図 2.41 腐食、SCC など腐食損傷過程における AE 発生源の模式図

徴を十分に把握しておく必要がある。この目的のため，研究室において様々な基礎的検討が行われた[21][22]。

1970年代末に実施された研究成果を要約し，腐食過程で考えられるAE発生要因を図示したのが**図2.41**である。主なものとして，(1) カソード反応で生じた水素 (2)

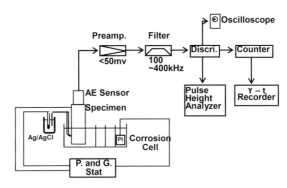

図2.42 格子付きセルの利用

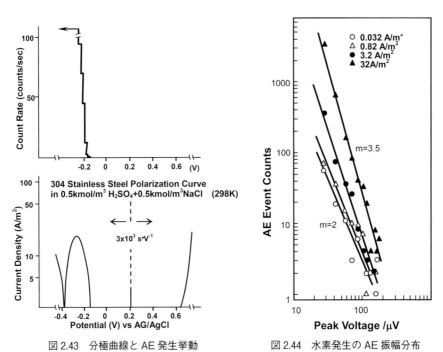

図2.43 分極曲線とAE発生挙動 図2.44 水素発生のAE振幅分布

クラック先端の塑性域内で生ずる変形、変態、介在物の割れ、(3) き裂進展に基づくへき開的微視割れ、(4) 厚い酸化膜の剥離や破壊などが示されている。

腐食過程における主な AE 発生源の一つとなる水素還元による AE の解析、およびすきま腐食発生過程を明確にするため、図 2.42 に示すような格子付セルを作成した。この装置を用い、試験片と対極板として使用される Pt 板を互いに最も離れた小室同士に設置することにより、Pt 板上で発生する O_2 気泡などに起因する AE を除去し、試験片上で発生した AE のみを検出することが可能になった。

図 2.43 に、表面バフ研磨仕上げ試験片を 298K、0.5kmol/m^3 H$_2$SO$_4$ + 0.5kmol/m^3 NaCl 中で、不動態域より貴および卑な方向に $3×10^3$ s・V^{-1} の速さで掃引分極したときの分極曲線と、AE ヒット率との関係を示す。この図から、AE は卑方向に分極し不動態皮膜の還元型破壊が起こる活性域より卑な電位、すなわち試験片表面で還元反応により水素が発生するときのみ計測され、酸化型破壊ののち、孔食が発生するときには計測されないことがわかる。したがって、不動態皮膜の破壊及び金属の溶解では、通常設定されるしきい値を超え、計測可能な AE は発生しないと結論される。

図 2.44 は、298K、0.5kmol/m^3 H$_2$SO$_4$ 溶液中において、-0.8V で 60s 活性化処理後、$+0.1$V で 300s 不動態化処理を行い、カソード電流として 0.032〜32A/m^2 を適宜選んで 300s 流し、その時発生する AE の振幅分布を示したものである。このように水素発生が定常的に生ずるときの最大 AE 振幅値は、センサ出力換算で 200〜300μV である。

(3) すきま腐食および SCC 発生の検知

図 2.45 に示される人口すきま付試験片において、3% NaCl 溶液中で自然電位から電位掃引により往復分極を行った時の、AE ヒット数、試験片電位、アノード電流値の時間履歴を、図 2.46 に示す。この図から、電位が約 -0.18V、すなわち分極開始後約 3.9ks で AE 発生曲線の傾きが急速に立ち上がっていることがわかる。この時、すきま内の pH はすでに十分低く、また試験片の電位が〜-0.18V とかなり卑であるため、すきま内部では水素還元の平衡電位を超えて卑になり、カソード反応として水素還元反応がすきま内で起こり、その水素気泡発生による AE を計測し始めたものと推察された。

図 2.47 のブロック図に示されるように、人口すきま付 DCB 型 SCC 試験片を用い、K_I=15.5Mpa・m$^{1/2}$ となるように定荷重負荷後、3% NaCl 溶液中で往復分極によりすき

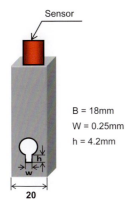

図 2.45 人口すきま腐食試験用試験片

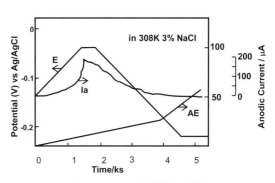

図 2.46 すきま腐食発生の検知

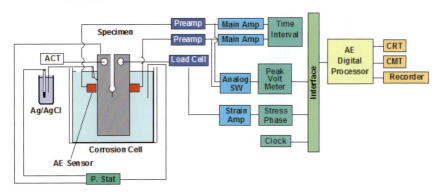

図 2.47 SCC 試験のブロック図

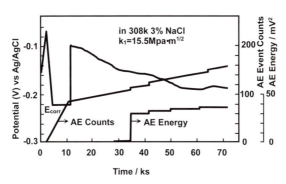

図 2.48 SCC 発生の検知

ま腐食を起こし、アノード電流値が0となる電位まで卑方向に掃引ののちは、電位制御を停止した場合における、試験片の自然電位（E_{corr}）、AEヒット数、AEエネルギーの経時変化が、図2.48に与えられている。E_{corr}は往復陽分極終了後約9ksの間〜−0.22Vを保つが、そののち急激に〜−0.1V付近まで上昇し以降ゆるやかに下降する。AEヒット数の傾きはそれに対応し、E_{corr}の急上昇を境に大きく変化する。一方、AEエネルギーは全くそれとは無関係に、実験開始後約35ksで急激に増加する。E_{corr}およびAEヒット数の急激な変化は、この時刻で水素イオンが還元反応によりほとんど消費されてしまい、水素発生型すきま腐食がいったん停止したためと考えられる。ここでAEエネルギーの急増は、大振幅のAE信号発生に起因し、SCCクラックの発生に対応すると考えられる。

(4) 腐食疲労（CF）のAEモニタリング

304ステンレス鋼[23]、及び高強度Ti合金[24]において、腐食疲労（CF）過程のAE発生挙動に関する基礎研究が行われた。疲労のように、変動荷重下でのAE計測では、図2.49に示される如く、発生するAEと荷重位相との関係が重要である。すなわち、最大荷重付近ではクラック進展そのものによるAEが、また最小荷重付近ではクラック面同士の衝突によるAEが、さらにその他の荷重位相では、クラック面の開閉に起因する擦れによるAEなど、荷重位相に応じて、異なる発生機構に起因するAEが観察される。さらに、クラック内に溶液がある場合とない場合で、とりわけクラック面間の摩擦に起因するAE信号の発生量が異なる。すなわち、図2.49の上図に示されるように、クラック面間に溶液（$1N\ H_2SO_4 + 0.5M\ NaCl$）が存在する場合には、そうでない場合（空気中の試験）と比べ、大部分の荷重位相で、全体的にAE発生が減少する。これは、溶液の存在により潤滑状態が変化し、クラック面同士の擦れなどに伴うAE活動度が、減少するためと考えられる。

304ステンレス鋼のCF試験で得られた結果によると、空気中や不動態域中に比べ、腐食環境中においては、最大荷重付近でより大きなAE活動度が観察され、これはクラック進展速度が腐食環境中で増加することに対応していた。また、高強度Ti合金のNaCl溶液中におけるCF試験では、空気中の結果に比べ、大きな振幅値を持つ多数のAE信号が検出された。したがって、CFのモニタリング方法として、AE法が十分有効であることが確認された。

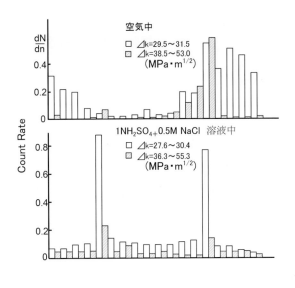

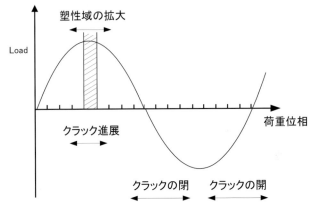

図2.49 疲労過程における、荷重位相とAE発生との関係

(5) AE発生源とそのエネルギーレベル

　1970年代末に実施された基礎研究により、**図2.41**示されるように、腐食、SCC、およびCF過程における種々のAE発生源が明らかにされている。さらに、この研究成果をもとに、AE発生要因ごとにその相対的エネルギーレベルを、振幅分布上で示すのが**図2.50**である。これにより、水素の発生、SCCクラックの発生と進展、およ

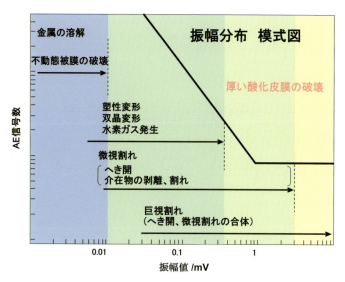

図 2.50 AE 発生源とその振幅値の大きさを表す模式

び厚い酸化皮膜の破壊などは、AE 発生源とセンサとの距離に基づく、AE エネルギーの伝播による減衰を考慮したとしても、実構造物で環境雑音と十分識別可能であり、有効信号として損傷進行過程を検出し得ると考えられる。

実際、本書で示すように、地上タンク、地下タンク、配管、そして橋梁など世界各地の実構造物において、腐食損傷評価を目的として AE 法が汎用されている。また、直接的な腐食過程に起因する AE 信号のみならず、既存の SCC クラックなどにおいて、応力変化によるクラック面の開閉作用などで発生する機械的要因による AE 信号（二次 AE）を検出することで、圧力容器などにおける SCC 損傷レベルの評価を行う試験が一般化されている（例えば ASME 規格[26]）。これを考慮するなら、これまでに AE 法の適用が最も成功した分野は、金属製構造物の腐食損傷評価を含む、健全性評価全般であると言っても過言ではない。

構造物の加齢による劣化損傷の進行は、時を待ってくれない。様々な構造物における損傷発生要因の多くは、腐食に関連する。検出される AE 信号が、腐食過程を直接反映するものであるにせよ、腐食に起因する損傷・破損による二次的現象であるにせよ、今日行われる実構造物への適用は、AE 法が腐食損傷を検知し、進行を監視する方法として、極めて有効であることを示している。

2.4 構造物の AE 試験

2.4.1 はじめに

構造物の健全性を評価するために、製油所、化学プラント、発電所、海上石油採掘基地、橋梁、トンネル、建築物、航空機、ロケットなどの金属製、複合材料製、コンクリート製、あるいは岩盤など各種構造物に、AE 試験が適用されている。

AE 試験は、構造物の供用前に行われる場合と、供用中に行われる場合の2通りある。圧力容器や配管など圧力機器の場合、供用前、あるいは供用中であっても操業が一時的に停止される定期検査時などに、水圧あるいは気密による負荷を人為的に制御可能なため、予め定めた負荷履歴にしたがって圧力を変化させ、その際の AE 発生挙動を解析する。このときの様子が模式的に、図 2.51 に示されている。

一方、構造物が操業中（稼働中）にある場合には、操業状況の変化に伴う負荷変動を基に、AE 発生状況を解析する。典型的なものとして、プラントの運転開始時、あるいは停止時において負荷が変動する際に AE 計測を実施し、そのときの AE 発生挙動を解析することがよく行われる。また、供用中にある道路橋の場合、通常交通下で車両の通過に伴う荷重変化に対応する AE 発生挙動がしばしば解析される。さらに、鉄道橋においても、列車通過に起因する負荷変動に対する AE 発生挙動を調査することが行われる。

AE 試験中に、検出される信号数の急激な増加や、位置標定により著しい AE 発生集中部位が検出されるなど、AE 活動度に大きな変化が認められた場合、AE 試験技術者は、適切な行動がとれるように、試験実施責任者に報告する。こうした AE 試験の実施手順や報告書作成要領などを規定する国際規格[26][27]が、既に 1970 ～ 1980 年代に制定されている。

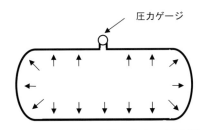

図 2.51　圧力容器や配管の気密・水圧試験

2.4.2 金属製構造物の AE 試験
(1) 高圧ガス貯蔵容器

　ASTM（American Society for Testing and Materials）が制定した規格[28]に従い、アメリカ、ヨーロッパ、韓国、台湾など世界各地で、半導体製造ガス運搬用大型トレーラーに搭載される高圧ガス貯蔵容器の新規受入時、および5年ごとの再検査時に、AE 試験の実施を義務付けている。試験には図 2.52 に示すように2個のセンサによる1次元位置標定を用い、通常の110%に当る過負荷をかけた時に発生する AE を計測する。試験後、AE 発生の集中した部分（クラスター）について超音波探傷試験（UT）を行い、もし0.1インチ以上の深さを持つ欠陥を発見した場合には、この容器は廃棄することと定めている。

　さらに興味あるものとして、NASA で行われた120以上に上るガス貯蔵容器の AE 試験がある。このように多数の容器に AE 法が適用された理由として、他の非破壊検査法に比べ AE 法がもっとも簡便かつ迅速に大量の被試験体を検査できること、微小欠陥に対してもっとも敏感であること、さらにとりわけ AE 法は、容器の使用中に適用できることなどがあげられている。こうした特長を基に、NASA においても、AE 法はさらに広範囲に適用されようとしている。

(2) ポリエチレンプラントにおけるチューブ反応器の AE による健全性評価

　低濃度ポリエチレンプラントのチューブ反応器において、図 2.53 に示される内側チューブに腐食疲労（CF）クラックが発生し、大きな問題となった。CF は図 2.54 に示されるように、初期段階でチューブ外面の酸化皮膜からくさび型きり欠きとして発生し、U ベンド部に生ずる熱応力や残留応力などの構造的応力、および内圧変化の共同作用により、連続的に進展すると考えられた。

　チューブ反応器は極めて長大（チューブ全長は1000m 以上）なため、構造物全体

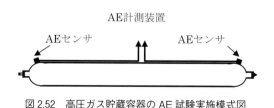

図 2.52　高圧ガス貯蔵容器の AE 試験実施模式図

図 2.53　低濃度ポリエチレンプラントのチューブ反応器における内側チューブ

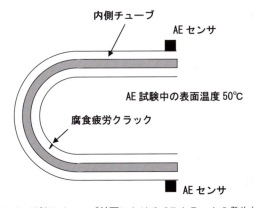

図 2.54　U ベンド部のチューブ外面における CF クラックの発生状況模式図

を検査するのに、超音波探傷（UT）、磁粉探傷（MT）、あるいは放射線透過（RT）試験など、通常の非破壊検査手法を用いると、多くの時間を要するため、定期検査中の限られた時間内に、構造物全体の健全性を評価することは、非常に困難である。検査時間、および費用を節約しながら内側チューブに発生した CF クラックを効率的に検出し、その位置を同定するために、繰り返し加圧下で AE 試験が行われた[29]。4 日間の試験期間で、チューブ反応器を構成する合計 58 箇所の U ベンド部、および 22 箇所の直線部が検査された。その結果、U ベンド部にグレード D と判定された AE 発

生集中源（クラスター）が1個検出された。目視、およびUTによる追認検査の結果、クラスターの検出されたチューブ支持部に、エロージョンの存在することが確認された。一方、Cグレードと判定されたAE発生源においては、UT検査で顕著な損傷は発見されなかった。チューブ反応器のグローバル診断法として、AE法が非常に有効であることが確認された。

(3) パイプライン

　米国には、アラスカ、ユタ、テキサスなどに長距離パイプラインが存在し、その簡便な保守、点検試験の一環としてAE試験が多くの実績を上げている。パイプラインにAE試験を適用する利点として、センサ間隔をかなり大きくとれるので少ないセンサでも長い距離を一度に検査できる、また欠陥やリークなどの発生箇所の位置標定を容易に行いうる、などがある。

　試験時のAEセンサの設置間隔は、圧力媒体の種類（水などの液体、あるいは窒素などのガス）や圧力、パイプが埋設されているか否かなどによって異なるが、よく乾燥した圧力の高い空気を用いた場合には、2個のセンサ間隔を最大600m程度にまで広げることができる。

　AE試験は、原油や天然ガスなどの長距離パイプラインについて行われる場合が多いが、化学プラント内におけるナフサ輸送用あるいはアンモニア輸送用パイプラインなど、比較的短距離なものについてもかなりの実績が報告されている。

(4) 配管の腐食損傷診断

(a) 地上配管

　　配管設備において、内部媒体の漏洩は設備の稼動状況に大きな影響を与え、漏洩した流体の損失による経済的な損失のほか、火災などの二次災害や環境汚染などを引き起こす原因になるため、事前に発生を防止することが極めて重要である。漏洩は、ほとんどが接続部の不良や腐食に起因すると報告されており、設備を安全に運用するために、信頼性の高い配管設備の健全性評価技術が必要である。

　　接続部不良が原因で発生する漏洩の検知は、ガス検知器による方法やAE法が適用され、実用化が進められている。しかしながら、配管の腐食損傷診断技術については、内部腐食や配管支持部の腐食などのように、直接検査するのが困難な場所に生じることが多く、さらに配管は広範囲に敷設されていることから、UTやRTな

どの非破壊検査方法では、効率的に信頼性の高い検査を行うのが困難な場合が多い。

2000年代に始まったデータベース化の進展により、地上、高所、および埋設配管におけるグローバルな腐食損傷診断方法として、AE試験が有効であることが示されている。すなわち、この試験方法は、数m～10m程度の間隔で2個のAEセンサを配置し、設備の稼働中に短期間（数分～10分程度）の計測を行い、活性な腐食の有無を調べ、その大まかな位置を評価し、腐食損傷の存在する可能性の高い部位を抽出するという、スクリーニング試験の一つとして適用されている。

実構造物における腐食評価の可能性を検討する目的で、製油所の実配管を用いてAEを計測し、配管の腐食状態との対応を調べた報告がある[30]。その試験におけるAE計測状況が、**図2.55**に示されている。周波数特性の異なる（30kHz、60kHz、150kHz共振型）AEセンサを、それぞれ5個づつ、1.0m、2.0m、3.0m、3.5mの間隔で配置して、同時に連続AEモニタリングを実施した。

図2.56に、モニタリング結果の一例が示されている。60kHz共振型センサで10分52秒間の連続計測で得られたAE活動度を示したもので、5個のAEセンサの連続配置による直線位置標定結果、AEイベント数の履歴、そしてAEヒット数の履歴が与えられている。位置標定結果に注目すると、イベントが局所的に集中している部分が観察され、その部位を目視検査（VT）したところ、大きな腐食損傷の存在することが確認された。

図2.55　製油所の実配管において行った、腐食損傷部を有する配管のAEモニタリング実施状況

図 2.57 に、AE センサで検出された、腐食に起因すると考えられる AE 波形セットの一例が、AE 信号処理パラメータ値と共に与えられている。位置標定が可能な信号セットとして検出されたもので、検出された波形は、極めて大きな信号継続時

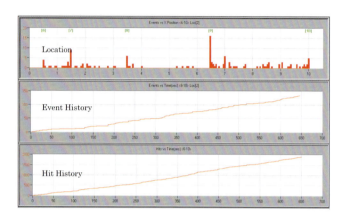

図 2.56　腐食損傷部を有する実配管における 60kHz 共振型センサによる AE モニタリングの結果（上：AE 源位置標定、中：AE イベントの履歴、下：AE ヒットの履歴、計測条件：配管（直径 6 インチ）、V=5000m/sec、しきい値 22dB、計測時間 10 分 52 秒）

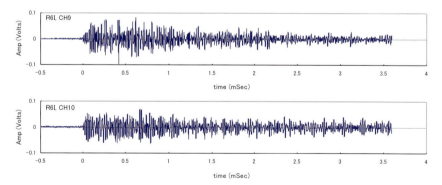

図 2.57　60kHz 共振型 AE センサで検出された腐食に起因すると考えられる、位置標定可能な典型的 AE 波形セットとそのパラメータ値の一例

間を持ち、腐食に起因する典型的なAE信号の特徴を有している。

これまでに、配管の腐食損傷評価においてグローバル診断・スクリーニング検査技術としてAE法の適用性を調査し、試験手順、そして評価・判定基準を定めるために、化学プラントなどにおいて多数のAE検査が行われ、データベースの充実化と共に、信頼性の向上が図られている。

(b) 地下埋設配管

地上および埋設配管には、タンクのような定期開放検査の義務はなく、使用者の自主保安により維持管理がなされ、健全性が担保されている。例えば、地上配管においては、自主検査としてUTによる定期的な板厚の定点測定が行われているが、離散的な測定で、最大腐食損傷部（最大減肉部）を必ずしも検出できるとは限らない。したがって、配管全体の健全性を評価するためには、多少精度が低くても、構造物全体をグローバルに診断でき、活性な腐食が存在する部位を抽出し、およその位置を評価可能なスクリーニング検査技術が有効と考えられる。さらに、埋設配管では、漏洩等の検知が遅れる場合が想定され、地上配管に比べ検査・点検に多くの労力と費用が必要となるため、早期の損傷検出技術の開発が強く望まれている。

AE試験は、複数個のセンサを適切に配置することにより構造物のグローバル診断が可能であり、また位置標定機能を用いることによりAE信号が発生した場所をある程度特定できるという特徴を有するため、配管の腐食損傷評価に関するスクリーニング検査技術として適用が期待されている。

製油所の防油堤貫通配管などの地下埋設配管は、埋設部分に直接接触することが不可能なため、UT、RT、あるいはVTなど通常の非破壊検査方法を適用し、腐食損傷状態の診断など構造物の健全性評価を供用中に実施することは困難である。

こうした配管にAE法を適用し、腐食に起因するAEの発生特性や、配管におけるAE波の伝播特性[31]を調べ、さらに実配管で得たAE試験結果とUT、VTなどの試験結果を比較・対照するなど、組織的な調査を実施することにより、埋設配管におけるAE法の腐食損傷診断への適用性が検討されている。

これまでに、室内で実施した実験により、表面に厚い腐食生成皮膜の形成された試験片の食塩水中における腐食進行過程で、大きな振幅値を持つAE信号の発生することが確認され、腐食過程で発生するAE信号の主周波数成分は、20~100kHzの周波数帯域にあることが示されている。

図 2.58 AE 計測を実施した製油所の埋設配管

　製油所においては、異なる条件下にある配管の AE 波伝播試験により、防食用保護皮膜で被覆された埋設配管であっても、2 個のセンサ（例えば 30kHz 共振型）を 4m のセンサ間距離で配置することにより、直線位置標定が適用可能であることが確認された。この時、図 2.58 に示されるように供用中の 13 本の実配管に対して AE 計測を実施し、その後 UT 厚み測定、および VT 検査を実施し、AE 計測結果と比較・対照することにより、両者の間に良好な相関のあることが確認された。したがって、埋設された配管の腐食損傷診断を供用中に行う検査方法として、AE 法の適用性が高いことが示されている[32]。

(c) 原油貯蔵設備の配管

　前述した実績を基に、国内に存在する十箇所余りの化学プラントにおいて、検査業務の一環として、配管の腐食損傷診断を目的に、AE 試験が実施されている。これまでに、延べ 100km を越える地上、高所、および埋設配管に対して AE 計測が行われており、試験後の VT、あるいは UT 厚み測定などによる追認試験結果と併せ、データベース化が進められている。

　一例として、原油貯蔵設備の配管に対して AE 計測を実施し、既往の SLOFEC (Saturation Low Frequency Eddy Current)、及び UT 肉厚測定で得られた腐食損傷状態に関するデータと比較し、スクリーニング検査技術として AE 法の有効性について検討した報告がある[33]。

図 2.59 に AE 計測が行われた原油配管の外観が、また図 2.60 に AE センサ配置と疑似信号の入力位置が与えられている。1 時間にわたる AE 計測の結果、検出される AE 信号（ヒット）数やエネルギーで表される AE 活動度は小さく、この配管において、現時点で活性な腐食が存在したとしても、その程度は軽微なものであると判定された。また、SLOFEC、及び UT 厚み測定結果と AE 計測結果との比較検証を行い、検出された AE 信号は、配管で起こりつつある活性な腐食に関連付けられることが示された。したがって、AE 計測により活性な腐食のおよその位置を判定可能であり、腐食部位をグローバルに評価できるスクリーニング試験として、AE 法が適用可能であることが確認された。

図 2.59　AE 計測を実施した原油配管

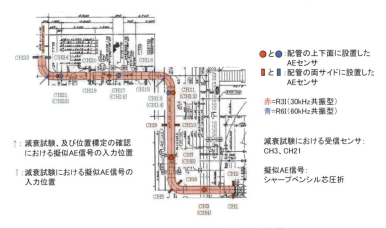

図 2.60　センサ配置と疑似信号入力位置

AE 試験を実配管に適用する際に、最も大きな問題となるのは、プラント操業に起因して発生する環境雑音である。AE 試験は、プラントを操業停止することなく、配管の供用中に行われる試験である。したがって、加温を目的として使用される蒸気、あるいは配管に連結されたポンプの作動などに起因する雑音の混入が避けられない。これまでの経験によると、プラント内にある配管の 20%程度はこうした雑音発生により、操業中に有効な計測が実施できないことが、統計的に確認されている。

しかしながら、構造物のグローバル診断法として腐食損傷を有する配管部分を抽出し、損傷位置を大まかに評価するために、AE 試験は極めて有効な検査方法である。実際、AE 試験で特定した部分に VT 検査、および UT 厚み測定を実施することにより、潜在的な漏洩発生箇所を、効果的に発見できた事例は数多い。今後、さらに適用事例を積み重ね、データベースの質、量ともに充実させることにより、配管における腐食損傷部のスクリーニング試験として、精度を向上させることができると考えられる。

2.4.3 コンクリート構造物の AE 試験
(1) 桟橋の AE 試験

橋梁などの鉄筋コンクリート（RC）構造物では、積載量の異なる車輛を通過させることにより、負荷を変化させ、その際に発生する AE の特徴を調べて健全性を評価することがよく行われる。この時の様子が、**図 2.61** に示されている。トラックの移動とともにコンクリート梁に負荷される荷重が変化し、それに対応して既存クラックの擦れなどに起因する AE 信号が検出される。AE 信号の発生強度は、通過するトラックの積載量によって異なるため、その情報を利用してコンクリート梁に存在する損傷の程度を評価できる。その判定に重要な役割を果たすのが、カイザー効果（ある材料に一度負荷を与えると、それ以降の再負荷時に、前回加えた負荷を超えるまで AE が発生しない現象：金属、複合材料、コンクリートなどの材料で広く観察される）成立の有無である。

実構造物にこの評価法を適用し、有効性の確認された事例が報告されている[34]。関東地方の港湾施設にある経年劣化した桟橋上を、**図 2.61** に示すごとく、荷重の異なるダンプトラックを往復させた時に AE 信号を計測して得られたもので、補修して問題のない梁からは全く AE 信号が検出されなかったにもかかわらず、表面クラック

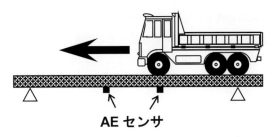

図 2.61 荷重の異なるダンプトラックの往復による鉄筋コンクリート梁の載荷試験

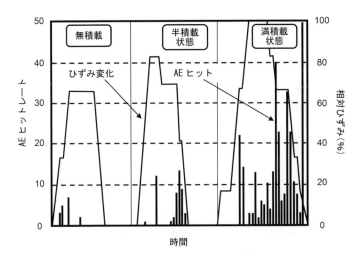

図 2.62 AE 信号計数率と主鉄筋ひずみ量の各載荷過程における履歴

が存在し、さび汁の目視された劣化梁において、極めて多量の AE 信号が検出された。

図 2.62 にその結果が与えられている。異なる荷重を持つダンプトラック（自重のみで無積載、113kN；半積載、142kN；全積載、171kN）をそれぞれ往復させたときに計測された AE ヒット信号計数率を、梁の主鉄筋に取り付けたひずみゲージの計測結果と同時に示したもので、第 1 回載荷（自重のみ）において、初期段階でかなりの AE 信号が検出されているが、除荷時には全く AE は発生していない。また、第 2 回載荷（半積載）では、カイザー効果がほぼ成立しているにも関わらず、除荷時に多くの信号が検出されるようになり、第 3 回載荷ではカイザー効果は全く成立せず、除荷時に極めて多くの AE 信号が検出されている。このように、劣化の進んだ実構造物に

おいて、劣化度診断の指標としてカイザー効果成立の有無が有効であり、さらに除荷時に検出される AE 信号が劣化損傷の評価基準として有用であることが確認された。

こうした、カイザー効果の不成立現象、および除荷時における AE 発生挙動は、コンクリート梁の劣化度判定基準として有効性が極めて高い。この基準を実構造物に適用し、信頼度の高い評価を行うガイドラインとして、コンクリート構造物の初期点検および供用中における健全性を評価・判定するための AE による試験方法の指針を示す規格が、非破壊検査協会により制定されている[35]。

(2) 高速鉄道橋の損傷評価

供用中にある高速鉄道橋の部材をなす RC 梁に対して、AE 試験が実施された[36]。その状況が **図 2.63** に模式的に示されている。6 個の 60kHz 共振型 AE センサが梁の両側に、そして梁にかかる荷重変化を測定するために、ひずみゲージが梁の主鉄筋に取り付けられた。鉄道橋は、列車が通過するたびに載荷・除荷が繰り返されるため、梁は建設以来常時疲労加重にさらされている。目視検査（VT）により、この梁に最大 0.3mm に至る表面クラックが観察された。

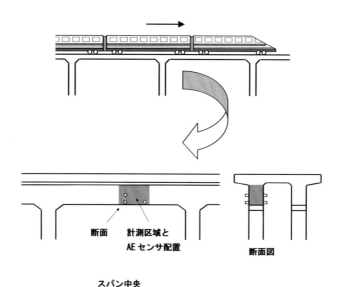

図 2.63 高速鉄道橋における AE による損傷評価の模式図

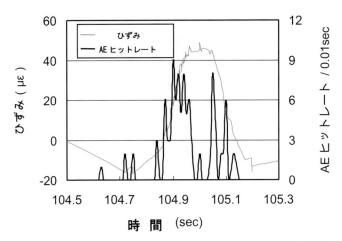

図 2.64 一台の車両が通過した際に計測された、AE 活動度（ヒットレート）とひずみの変化

図 2.64 に、1 台の車両が通常運行速度（およそ時速 200km）で通過した際に観測された AE 活動度（ヒットレート）と、ひずみ変化の時間履歴が示されている。疲労加重下における AE 発生は荷重位相に強く依存し、最大荷重値付近でクラック進展に起因する AE 信号が、また荷重上昇時、あるいは除荷時には既存のクラック面の擦れなど、二次的 AE の発生することが知られている。図から明らかなように、最大荷重値付近で AE 発生は見られず、AE 信号は載荷時、および除荷時のみに検出されている。したがって、本試験で検出された AE 信号はクラックの進展に起因するものではなく、既存のクラック面同士の擦れなど、機械的要因で発生したものと考えられた。なお、クラックの全く存在しない健全な梁からは、顕著な AE 発生は認められなかった。したがって、列車が通常の高速運行中の鉄道橋であっても、AE 信号を検出することによりクラック存在の有無を確認でき、梁の健全性を評価できると考えらえる。

2.4.4 航空機への AE 試験適用
(1) 飛行中の AE モニタリング

飛ぶためにぎりぎりまで設計を合理化し、機体を軽くするという宿命を背負っている航空機では、使用材料の疲労劣化を避けることが出来ない。航空機の発達は、金属疲労との戦いの歴史であった。航空機の設計思想は、初期の「疲労は防止できる、生じない。」という安全寿命設計（破壊防止設計）から、「部分的に生じたとしても致命

的にならない、簡単に交換できる。」というフェイルセイフ設計に、さらに「疲労は避けられないとして、設計段階で対策を講ずると同時に、運用中の検査でこれを検出し、修理・交換する」ことを主眼とする損傷許容設計へと変遷してきた。

　歴史的に見て、実際の航空機に対してAE計測が初めて行われたのは、1970年代初頭に始まるロッキードC-5A輸送機における飛行中のモニタリングとされる[37]。この計測では、最初に計測周波数帯域を走引可能なAE計測システムを用い、いずれも7075-T6合金で製造された合計9箇所の部位にAEセンサを取り付け、飛行中の雑音発生状況を調査した。続いて地上において実際の主翼に対して疲労試験が行われ、疲労クラック進展時のAEを計測した。その結果から、雑音の影響が十分小さくなるように、適当な周波数に感度を設定したAEセンサを取り付けることにより、飛行中においても、疲労クラックの進展をAE法で十分モニター可能であるとの結論を得た。

　1976年になると、250 kHzを中心とする狭帯域周波数に感度を持つAEシステムを用い、ボーイングKC-135輸送機の主翼下部パネルの飛行中モニタリングが行われた。このパネルは7178-T6合金で製造されており、材料自身が脆性を持つために、場合によっては18 cm程度の長さを有するクラックを飛行中に生じ、完全に破壊してしまうこともあった。実際の計測では、危険度の高い大きなクラックをモニタリングすればよいために、200 kHz～300 kHzの周波数帯域で、576μs以上の信号継続時間を持つAE信号を選別してモニターした。計測中にEMI雑音や機械的雑音の影響を受ける場合もあるが、基本的には5 cm以上の長さを有する疲労クラックの進展を十分検出できることが示された。この結果をもとに、アメリカ空軍では、KC-135輸送機の飛行中モニタリングを、日常的に行っている。

　1980年代に入ると、カナダ空軍のCC-130ハーキュリーズ輸送機において、飛行中の疲労クラック進展で生ずるAEを計測した。飛行条件を変えることにより、疲労クラック進展によるAE、またクラック面同士の擦れによるAEを発生させ、これらのAE信号を機体内部の3箇所のフレーム上で検出可能であることが示された。またクラックの進展、クラック面同士の擦れ、機体フレームの機械的雑音など、異なるAE発生要因で生ずるAE信号は、包絡線検波波形に注目することにより識別可能であり、さらに最小クラック進展量として20μm程度のクラック進展ステップを、飛行中に検出可能であることが報告されている。

　このように、飛行中のAEモニタリングは、すべて軍用機に関して行われたもので、商用機に対する事例は見られない。これは、軍用機の場合、かなり過酷な条件下での

使用が考慮されており、たとえ疲労欠陥が機体の一部に存在したとしても、飛行中にAE法でモニタリングすることにより制御可能なら危険を十分回避でき、運航上問題はないとの認識があるためと考えられる。一方、商用機においては、安全上の見地から疲労欠陥の存在が明らかな状態で飛行することは一般的に考えられず、それゆえ飛行中のAEモニタリングの事例が見あたらないのであろう。

(2) F-111 戦闘爆撃機の AE 試験

アメリカの PAC（Physical Acoustics Corporation）社では、ジェネラル ダイナミクス社と共同で、F-111 戦闘爆撃機の飛行中の安全性を高め、また使用寿命を延長する目的に AE 試験を用いるために、試験方法及び AE 計測システムの開発を行った。問題となる F-111 型機は、構造用部材として D6AC 高強度鋼を多用している。この鋼はサブゼロ温度以下になると脆性を示すようになり、許容欠陥寸法として極めて小さい値が要求されるようになる。そのため、地上において高空を模した冷却室で−40℃まで冷却し、両翼に過負荷をかけ、そのとき欠陥の発生・進展で発生する AE を 28 個のセンサで検出し、健全性の評価が行われた。

使用された AE 計測システムは、標準の大型構造物検査用システムのハードウェア及びソフトウェア機能を拡張したものである。数多くの試験で得たデータベースをもとに、図 2.65 に示されるごとく、AE 発生位置及びその危険度の程度を自動的に判定し、色別に表示するという機能が付加されている。

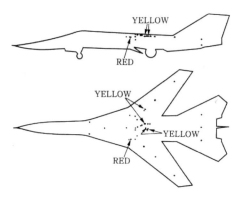

図 2.65　F-111 戦闘爆撃機における AE 発生源位置及びその危険度の自動判定結果

(3) F15戦闘機の疲労試験におけるAE計測

　F15戦闘機の初期疲労損傷過程を調査研究し、それを基にメンテナンスプログラムを確立する手段として、アメリカにおいてAE法が用いられている。F15型機は、当初8000飛行時間程度の設計寿命とされていたが、1970年代半ばに実戦配備されて以来極めて厳しい使用環境下に置かれ、全機の平均飛行時間は、すでに5000時間程度に達している。この機は極めて高価なため、当然のことながら使用寿命の延長が強く求められている。一般に航空機の寿命を決定づけるのは、疲労損傷の進行であり、それゆえ疲労欠陥を早期に発見し、補修によりその進行を止めることができるなら、寿命を大幅に延長できると考えられる。アメリカ空軍では、こうした目的を実現するために、実際のF15戦闘機に対して疲労試験を行い、そのとき発生するAEを計測・解析することをPAC社に依頼した。疲労試験時に、32チャンネルのAE計測システムを用いて、これまでに延べ32,000時間にわたってAE計測が行われた。その解析結果、及び高いAE活動度の見られた部位にUT、ET（渦電流探傷試験）などの追認検査を行うことにより、AE法を適用することで、疲労損傷進行位置を精度よく同定でき、さらにアルミニウム、鋼、チタンなど材料の種類を問わず、1mm程度の欠陥を検出できることが示されている。

(4) 航空機の加齢化対策としてのAE法の適用

　軍用機、商用機を問わず航空機の加齢化が大きな問題になりつつある。航空機の寿命を決定づけるのは疲労損傷の進行であり、加齢化とともに、許容寸法を超えた損傷の存在確率が増大すると考えられる。したがって、安全上の点からも、また寿命延長の点からも、できるだけ早期に感度よく欠陥を検出し、その位置を特定できる検査法の確立が望まれている。

　PAC社では、AE法の持つ、
① 一度に機体全体の検査が可能であること、
② AE源位置、すなわち欠陥の位置を十分な精度で標定できること、
③ 変動荷重下などダイナミックな環境下で、現に進展しつつある欠陥を検出できること、
④ 通常は人の近寄れない部位の連続監視が行えること、
⑤ データベースを作成すれば、試験結果の自動判定（AI化）が容易に行えるようになること、

などの特徴を利用し、加齢化した数多くの航空機に対してAE計測を実施している。

1989年に行われたボーイング720型機のAE試験によれば、機体表面板はAE波の伝播特性が良好で減衰が小さいために、センサ間距離を1m～1.5mとすれば、欠陥位置を十分精度よく求められるとしている。また各種航空機の胴体加圧試験時にAE計測を行うことにより、既知の欠陥のみならず、より寸法の小さい未知の欠陥についても、感度よく検出できることが報告されている。

航空機の加齢化対策への一環として行われるAE試験のうち、最も典型的な例で、すでに通常のメインテナッス業務として継続して実施されているものに、イギリス空車の大型輸送機VC-10の胴体加圧試験時におけるAE計測がある。VC-10は747ジャンボ機に匹敵する大きさを持ち、胴体自身が極めて大きいために、全部で288個のAEセンサを、三角形分割した胴体表面に配置して胴体全体を監視する。1990年に3回の試験を行って基礎データを収集し、それをもとに1992年以後毎月ほぼ1回の割合で試験が行われた。

(5) 複合材料とAE

ボーイング社はB757/767を設計する際、初期段階から複合材料を使うことを前提にし、約50tの機体重量のうち1.5t（3％）にCFRPを中心とした複合材料を用いている。航空機の構造のうち、胴体と翼のボックスビームと呼ばれる主要部分は一次構造と呼ばれ、方向舵、昇降舵、フラップ、エルロンといった動翼は二次構造と呼ばれる。B757/767では、複合材料はこの二次構造に用いられている。

複合材料を一次構造に用いた商用機では、エアバス社のA320が挙げられる。ここでは、水平尾翼、垂直尾翼（ボックスビームを含む）にCFRPが用いられており、41tの重量に対して、2tがCFRPとなっている。またB777は、垂直安定板、水平安定板のほかに、客室の床を支えるサポートビームもCFRPで作られ、複合材料化率は約10％となった。

FRPにおいては、多数の繊維が異方的かつ不連続的に母材中に存在するため、放射線の透過や超音波の反射を用いるRTやUTは問題を生じやすいが、材料内で生ずる破壊現象そのものを捕えるAE法は、動的破壊過程を検出する優れた非破壊検査法あるいは材料評価法として、大きな威力を発揮すると考えられる[38]。例えばCFRPは、通信衛星用構造材、ロケットモータ用構造材、航空機用構造材などとして実用化が進み、その健全性評価の重要な手段として、AE法が先進各国で適用されている。しか

しながら、いずれの場合も最先端技術あるいは軍事技術に関連したものであるため、結果が公表されている例は極めて少ない。公表された一例として、ブリティッシュ・エアロスペース社の行った、AE 試験がある。これは、音速及び減衰率に異方性のある点を考慮して作成したソフトウェアを用い、三角形分割して配置した AE センサにより、全面 CFRP 製主翼の疲労過程で発生する AE を解析し、その破壊過程を評価したものである。

また、わが国における先進的適用例として、航空宇宙技術研究所（現：宇宙航空研究開発機構（JAXA））で行われた AE 試験がある[39]。これは、ボーイング社と共同開発した中型商用機 B767 に用いられている水平安定板（水平尾翼）のほぼ実物大構造物に対して実施された。供試体は、全 CFRP 製の大型構造物であり、損傷許容設計に対する各種試験（衝撃損傷、制限荷重、疲労）を行った後の残存強度試験時に AE を計測した。

図 2.66 はセンサ配置を示したもので、監視領域として翼中央部を含み、片側翼の下面外板部を標定箇所に選び AE センサを取り付けた。なおこの供試体にはあらかじ

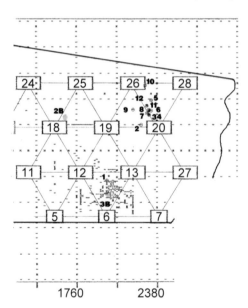

図 2.66　CFRP 製水平尾翼構造の残存強度試験における
　　　　 AE 位置標定結果（各番号がセンサ位置を示す。）

め衝撃損傷が付与してあるので、この部分も監視領域の中に入れてある。監視領域は、一辺が 40 cm の正三角形で分割し、その各頂点に合計 28 個の AE センサを配置した。

制限荷重の 157% にあたる荷重を負荷した 1 回目の試験では、AE センサ番号⑥、⑫、⑬で囲まれる領域で多数の AE が発生するのが確認され、この部位はあらかじめ与えられた衝撃損傷の位置とよく一致していた。2 回目の負荷において、制限荷重の 167% で供試体は最終破壊を起こした。この過程で、センサ番号⑥、⑫、⑬で囲まれる領域、及び同⑲、⑳、㉖、㉘で囲まれる領域で多数の AE が発生したが、最終的にこの二つの損傷域を連結する線に沿って破壊が起こるという興味ある結果が得られた。このように多数の AE センサによる位置標定の手法は、損傷の発生位置情報を実時間で表示するので、損傷が集中している場所を試験中に確認でき、またその進展経路や最終破壊箇所も容易に推定可能にする。それゆえ、こうした大型 CFRP 製構造物の各種試験を行うにあたり、極めて有効な評価手段になると考えられる。

B777 を開発したボーイング社では、構造材として使用される CFRP をはじめ、あらゆる材料の試験片、及び製作された実物大モデルに対して強度試験や疲労試験などを行っている。こうした試験を実施するにあたり、同社では数十台にのぼる AE 計測システムを活用し、AE 解析に基づく材料評価や構造物の健全性診断を行った。すでに述べたように、AE 法は CFRP などの複合材料を評価するにあたり、他の非破壊検査法にない優れた特徴を有している。今後新たに新型機を開発するに際し、複合材料の利用率はさらに増大すると予想される。それゆえ、その評価法あるいは健全性診断法として、AE 法はますます重要な役割を果たすようになると考えられる。

2.5 設備診断

2.5.1 軸受、歯車、ポンプ

転がり軸受は多くの機械で使用され、従来から様々な診断技術が適用されている。しかしながら、転がり接触疲労が支配的な軸受においては、せん断応力が材料表面ではなく、表面から数 10 ～数 100μm 程度内側に作用するため、クラック発生や組織変化は、軸受内に生ずる。したがって、軸受において欠陥発生や進行を直接監視することは難しく、突然起こる軸受の破損が、システムの稼動を停止させ、致命的な故障の原因になることがある。

軸受の AE 計測では、AE センサを軸受に直接設置することの困難な場合が多く、

軸受箱に取り付けるのが一般的である。軸受が稼動中の場合、欠陥に起因するAE信号のみならず、振動による雑音が多数発生するため、有意な信号と雑音を識別する必要がある[40]。その有力な方法として、周波数フィルターがよく利用される。一般的に、軸受にクラックが存在する場合、100kHz～数100kHzの周波数帯域を持つAE信号が検出されるが、振動等に起因する雑音の周波数帯域はほとんどが100kHz以下である。したがって、バンドパスフィルタ、あるいはハイパスフィルタを利用して有意なAE信号のみを抽出することが可能になる。

　ポンプなどの回転設備は、発生した異常の内容により、異なったAE発生パターンを示すことが知られている。例えば、液体水素ターボポンプの、組み立て後の不具合をAEで評価する場合、燃焼ガスの代わりに、空気を注入してポンプを駆動させながらAEを計測する。駆動中に検出されるAE信号は、不具合の種類に対応して特徴が異なるため、検出されたAE信号の発生パターンを調べることにより、不具合を評価することができる。

　歯車装置は、産業機器において動力を供給、伝達させるために必須の設備である。したがって、歯車の突然の破損は、それが組み込まれた減速機や増速機のみならず、機械システムの全工程に大きな影響を及ぼす。しかしながら、歯車装置を構成する歯車や軸受は回転しているため、疲労などに起因する欠陥の発見、監視は、設備停止中の目視検査によって行われるのが普通で、稼働中の評価は極めて困難である。

　歯車装置にAE法を適用した事例として、コンプレッサ用増速機の軸に発生したク

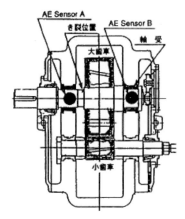

図2.67　AE計測を実施した歯車装置を組み込んだ増速機

ラックを評価したものがある。図 2.67 に、AE 計測を実施した増速機が示されている。測定対象の軸は、回転しているため AE センサを直接取り付けることができない。そこでセンサは、軸受箱に取り付け、軸から伝播した AE を軸受箱で検出した。増速機の軸には、図に見られるように、2 個の軸受と歯車が組み込まれ、AE は軸のみならず、軸受や歯車からも発生する。このため、軸受箱に設置したセンサでは、これらの信号が重畳して検出される。そこで軸受箱に取り付けた 2 個のセンサを用いて AE 発生源の位置標定を行い、軸から発生したと考えられる有意な信号のみを評価する。

図 2.68 に、この歯車装置で検出された AE 発生位置の経時変化を示してある。稼動初期（上図）において、軸受や歯車位置から少量の AE 発生が認められるが、稼働時間が増加するにともない、歯車取り付け端部に多数の AE 信号が発生するようになる（中図）。最終段階で歯車端部を起点にクラックが発生し、軸受 A の方向に向かって成長しているのが確認された。図中（下図）に見られるように、クラック発生位置は AE 源位置標定で多数の信号が検出された部分と一致していた。

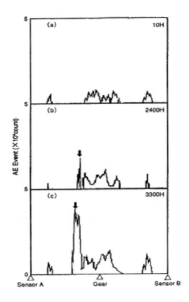

図 2.68　歯車装置において、直線（二次元）位置標定で確認された AE 発生位置の経時変化（横軸：AE 発生位置、縦軸：検出された AE エネルギー）

2.5.2 金型加工の製造工程管理

金型加工は、他の加工法と比べ、加工速度が速く大量生産に向くことから、自動車産業をはじめとする機械産業、半導体産業など、あらゆる産業分野で広く使用されている。しかしながら、図 2.69 に一例を示すように、金型は構造が複雑であるため、構成要素のパンチやダイの磨耗や破損を稼働中に評価することが困難であり、いったん金型に異常が発生すると大量に不良品が生産されるという問題がある。

現在、金型に異常が発生した場合の対応として、加工後の製品抜き取り検査を行って稼働中に異常を検出するか、あるいは異常が発生する前に予め金型を早期に交換するなどの方法がとられている。しかし、これらの方法では突発的な金型の損傷により発生する不良品の発生を防止することは困難であり、さらに早期の金型交換は、コストの増大や段取り変更によるラインの停止など、生産コスト上昇の主な原因となっている。

こうした状況に対応し、金型の折損や磨耗の評価を稼働中に行う目的で、AE 計測が工場で広く取り入れられつつある[41]。図 2.70 に、打ち抜加工時に観察される AE 波形パターンと、信号発生源との対応を示す模式図が示されている。加工が始まると、最初に部品の塑性変形が起こりその AE が検出され、続いてパンチとダイ間に生ずる摩擦に起因する AE が検出される。もしパンチ、あるいはダイにクラック等が発生すると、最終段階で振幅値の大きな AE 信号が発生する。したがって、加工過程の AE 発生パターンを精密に解析することにより、システム全体の健全性や製品の製造状況を、稼動中に評価できる。

図 2.69　AE 法を用いて折損と磨耗の評価を行う金型の一例

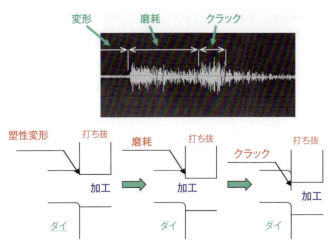

図 2.70　打ち抜加工時に検出される AE 波形と、信号発生源との対応を示す模式図

2.5.3　射出成型時のクラック検出

　プラスチック製品の加工に多用される射出成形は、金型降下→樹脂注入→加圧→金型上昇、という手順で加工が進行し、**図 2.71** に示されるような、加圧過程で製品に発生するクラックが、大きな問題となる。これらは、目視では発見できないほど小さな場合がほとんどで、クラックを持つ不良品の発生は、製品の品質管理上大きな障害となる。

　射出成形過程で発生する AE 信号を調べると、製品にクラックが発生した場合、**図**

図 2.71　成形時に発生するクラック

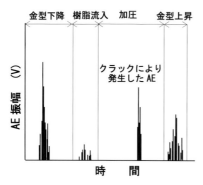 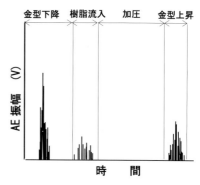

図 2.72 加圧中に発生するクラックによる AE (左図)、クラック発生の無い場合 (右図)

2.72 に示されるように、加圧中に大きな振幅値を持つ信号の検出されることが明らかになっている。そこで、射出成形装置から出力される圧力信号に AE 計測を同期させ、加圧中に発生する AE 信号を正確に検出することにより、成形時に製品で発生するクラックを検知・評価することが可能になる。この原理に基づいた AE 計測システムは、すでに様々な部品工場で稼働中であり、製品の品質管理、および生産コストの削減に、非常に有効であることが確認されている。

2.3.4 メカニカルシール

　回転機器の保全において、軸受、歯車、シールの損傷は設備不良の主原因であり、設備保全にとってこの 3 機素の損傷進行を適切に評価することが求められる。ここではメカニカルシールの診断をとりあげ、包絡線検波による AE 法を適用した例を紹介する。

　メカニカルシールは 2 つのリングが接触して回転することにより内部流体を封入する構造となっている。したがって、損傷形態は主に摩耗であり、これが進行して漏洩が生ずる。摩擦・摩耗の検出方法として、従来から AE 法の適用事例が報告され、有効性が示されている。さらに、漏洩の検出についても AE 法の有効性が高いと期待される[42]。摩擦・摩耗進行時の AE 挙動として、摩耗が進行すると AE の振幅あるいは連続型波形の RMS 値が増加することがよく知られている。図 2.73 に示されるように、メカニカルシールの近傍に AE センサを取り付け、アナログ回路を用いて包絡線検波と RMS 処理をほどこして、周期的にこの数値を記録する。

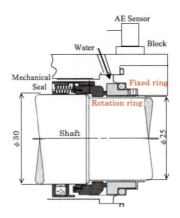

図 2.73　メカニカルシールの損傷評価

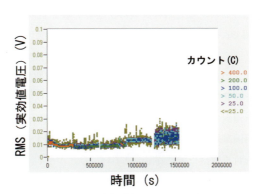

図 2.74　摩耗進行と RMS の関係

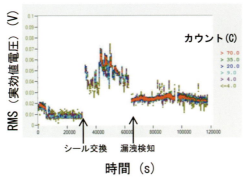

図 2.75　漏洩発生前後の RMS の変化

図2.74は、使用開始からのRMS値の変化を示しており、使用時間の増加に伴いRMS値が上昇するのが観察される。なお、この時点でまだ漏洩は確認されていない。ここで、使用開始直後にRMS値がやや高い値を示しているが、これは初期摩耗によるものと考えられる。図2.75に、実機において観察された漏洩発生前後のRMS値の変化を示す。漏洩が発生すると、RMS値が急激に低下する。漏洩発生により、内部流体が回転輪と固定輪の間に入り込むことになり、これが一種の潤滑剤の役割をはたし、両リング間の摩擦を低下させるためにRMS値が低下したと考えられる。したがって、メカニカルシールを診断する場合には、RMS値の増加を判定基準とするのではなく、RMS値の低下開始を評価するのが有効である。

2.5.5　エレベータ・エスカレータ

　エレベータやエスカレータなどの昇降機は、建築基準法12条3項：昇降機の定期検査と報告義務の項で、「所有者は、建築士または国土交通大臣の設定する昇降機検査資格者による年1回の定期検査を受け、その結果を所轄行政庁へ報告しなければならない」と定められている。所有者は、上記の法律に従い定期的に昇降機メーカー等に点検を依頼し、その費用は自身が負担する。したがって、所有者は点検コストの安い昇降機メーカーを選択することになる。その結果、昇降機メーカーは点検費用の削減を要求され、費用削減が受注量、あるいは利益確保に直結することになる。

　昇降機の点検は、目視観察や振動測定、あるいはワイヤーの非破壊検査など、検査員による一つ一つの手作業となるために、昇降機の点検業務の費用で大半を占めるのは人件費である。したがって、経費削減に対して点検効率の向上が最も大きな課題となっている。

　近年、エレベータ、エスカレータの事故が多数報告され、検査業務の正確さと効率が求められるようになり、新しい検査手法の導入が検討されている。中でもAE法の有用性が注目され、様々な応用が行われるようになった。

(1)　エレベータ[43]

　エレベータは大きくロープ式（トラクション方式）と油圧式に大別される。一般的によく使用されているロープ式エレベータの構造を、図2.76に示す。ロープでかごとつり合い重りを接続し、このロープを巻き上げ機の綱車で上下させてかごを昇降させる。

油圧式エレベータは、巻き上げ機ではなく油圧ジャッキによって綱車を上下させてかごを昇降させる構造となる。主な点検個所は、下記の通りである。

A：巻き上げ機の軸受と歯車
B：巻き上げ機の主軸
C：電動機軸受

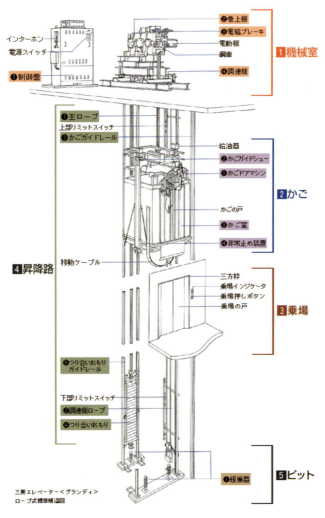

図2.76　エレベータの構造

D：綱車の軸受と主軸
E：主ロープ
F：フレーム、ガイドレール
G：電磁ブレーキ
H：開閉機構

(a) 軸受、歯車[40][44][45]

　巻き上げ機や電動機の軸受、歯車の診断は、一般的に、聴覚や手感触等により実施されている。この方法では、検査時間の問題だけでなく、損傷が進展して振動が増大するか、発熱するまで、異常の発生を判断できない。また、個人の能力により診断精度が異なるなど問題が多い。実際、点検後に軸受が焼き付いて停止してしまう事故や、振動が大きくなって運用を停止した例も多い。

　軸受や歯車の診断方法として、振動法がよく適用される。しかし、エレベータで使用される軸受や歯車の回転数は低いので、異常発生時に振動の変化が小さく、適用が困難な場合が多い。これに対して、AE法はクラックの進展や摩擦・摩耗の状態を直接評価できることから、軸受のクラック進行や転走面の摩擦・摩耗状態、すなわち潤滑状態を判定するための有力な検査方法である。

　軸受や歯車にクラックが生じると、図 2.77 に示されるように、100kHz～300kHz（材料により異なる場合がある）の周波数帯域において、突発型 AE が発生する。また、潤滑状態が悪くなり転走面の摩擦・摩耗が大きくなると、図 2.78 に示される連続型の AE が発生し、その摩耗量と相関して RMS 値が大きくなる。さらに、軸受や歯車の転走面で発生する AE には周期性（特性周期）が観

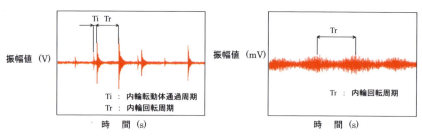

図 2.77　クラック進展時の AE 波形例　　図 2.78　潤滑不良時の AE 波形例

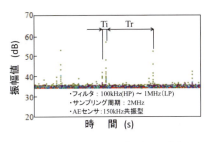
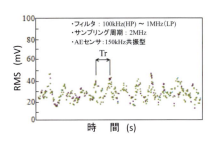

図 2.79　AE 計測例（微小はく離）　　　図 2.80　AE 計測例（潤滑不良）

察される。

　図 2.79、図 2.80 に主軸のサポート軸受の AE 計測例を示す。ここで、AE センサは両軸受の軸受箱に、マグネットホルダで設置した。図 2.79 は、内輪転走面に微小はく離が発生した軸受の評価例である。横軸が経過時間で縦軸が発生したAE の振幅値を示す。検出された AE ヒット（信号）がそれぞれ1個の点としてプロットされている。微小はく離に起因する AE 発生には、周期性（T_i、T_r）が観察される。

　図 2.80 は、潤滑剤の不足した軸受の計測結果である。潤滑状態が悪くなり、転走面の摩擦・摩耗が大きくなると、上述のように連続型の AE が発生し、RMS 値が上昇する。さらに、RMS 値の変化に、回転数に同期した周期（T_r）が観察される。

(b) 主軸

　主軸の検査方法として、一般的に目視観察しか実施されない場合が多い。これは、超音波探傷を実施するにしても、軸端面へのアクセスが困難である場合が多く、検査員の技術的な問題も大きい。主軸の AE 検査方法は、原理的には圧力容器などと同じで、軸に応力を負荷することによりクラック面間に応力が作用してAE が発生し、この信号を検出することによりクラックの有無を判断する。軸への応力の負荷方法としては、一般的にエレベータの籠に重りを積載するが、小型のエレベータでは、主軸の中央に重りを吊り下げる場合もある。

　AE の評価方法は、重りを段階的に積載し、積載過程で発生する AE の有無を評価する。主軸の端面が露出している場合には、AE センサをその両端面に設置し、

端面が露出していない場合には、軸の露出部あるいは、両サポート軸受の軸受箱に取り付ける。

AE センサを軸受箱に取り付ける場合には、信号の伝播経路が長くなり、さらに部品間の境界部が経路に多く存在するため、高周波数成分の減衰が大きくなる。したがって、AE 計測の周波数帯域の下限を広げ、例えば 20kH 〜 1 MHz とし、使用する AE センサは 60kHz 共振型など、共振周波数の低いセンサを使用したほうが良好な検出感度を効果的に得られる場合が多い。図 2.81 に、クラックを有する主軸に荷重を負荷した場合の、AE ヒット数の時間に対する履歴を示す。クラックの存在しない主軸ではほとんど AE の発生は観察されないが、クラックが存在する主軸では、負荷の増加に伴い、図 2.81 に示すように AE の発生が連

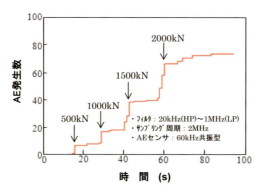

図 2.81　AE 発生数（主軸クラック）

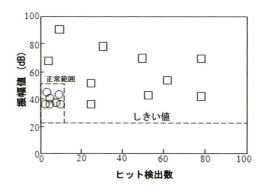

図 2.82 主軸クラックの評価結果

続的に観察される。AEの振幅値は、クラックの状況によって変化するので、**図2.82**に示すように振幅値とAE信号検出数（ヒット数）を統計的に処理し、総合的に判断することが有効である。

(c) ロープ

ロープの健全性は、一般的にロープの素線切れの数で評価される。素線切れは、目視あるいは磁気探傷（MT）、X線探傷（RT）等で検査されるが、ロープ長が長くなると、全長検査に非常に長い時間を要し、エレベータ検査の時間短縮に対して大きな障害になっている。

AEによるロープの検査原理を、**図2.83**に示す。ロープは巻き上げ機のドラムで巻き上げられるが、ドラムを通過する時に大きく曲げられ、曲げ応力を受ける。素線切れの部分が、このドラムの位置で曲げ応力を受けると、素線切れの先端部分が接触するなどしてAEが発生する。すなわち、このドラム部分でのAE発生の有無で素線切れの有無を評価できる。また、素線切れ部がドラム位置を通過する時にAEが発生するので、巻き上げ時のロープ位置とAE発生のタイミングを評価することにより、素線切れの位置を標定できる。検査例を、**図2.84**に示す。AE信号の検出は、ローラー型AEセンサを用意できるなら、ドラムの外周部に接触させて直接AEを検出するのが最良であるが、主軸の両支持軸受の軸受箱に取り付けて、ドラム→軸→軸受と伝播してきたAEを検出してもよい。この場合、前述のように高い周波数の減衰が大きいので、AE計測の周波数帯域の下限を広げ、例えば20kH～1MHzとし、60kHz共振型AEセンサを用いるほうが、検出感度がよい場合が多い。また、20m程度の長さのロープであれば、ロープの固定端にAEセンサを取り付けても、信号を検出できる場合がある。

図2.84に、素線切れしたロープの検査結果を示す。ここでは、軸受箱にAEセンサを取り付けて検査した。横軸が経過時間を示し、縦軸がAEの振幅値で、AEが発生した時間に対応して、検出された信号の振幅値がプロットしてある。横軸0がエレベータの上昇開始点を示し、AE発生の停止点が巻き上げ完了点を示す。ここで、AEが発生した経過時間が、ロープの素線切れ位置に対応する。この試験では、誤判断防止のために、同様の試験を3回実施してAE発生のタイミングが同一の場合に素線切れ位置と判定した。すなわち、雑音はロープ位置に関係なく発生するが、素線切れに起因するAEは素線切れ位置がドラム部を通過

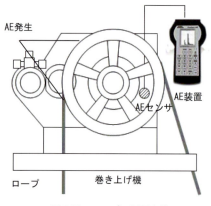

図 2.83　ロープの評価方法

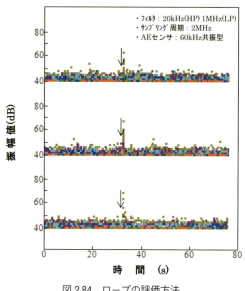

図 2.84　ロープの評価方法

するタイミングで発生し、常に同一の経過時間で AE が観察される。**図 2.84** の場合には、図中に示される矢印の位置で振幅の大きな AE が発生し、3 回の試験全てにおいて同一のタイミングで AE 発生が観察された。なお、AE 検査により素線切れの有無と位置を評価できるが、素線切れの本数を知ることはできない。

したがって、AE 法で素線切れを評価した後に、MT や RT などにより、素線切れの本数を確認する必要がある。

(2) エスカレータ[46]

エスカレータにはさまざまな型式があるが、基本的な構造はかわらない。標準型エスカレータの構造を図 2.85 に示す。上部に設置した駆動機から踏段（ステップ）チェーンに動力を伝達するタイプが一般的で、比較的簡単な構造となっている。主な点検個所は、下記の通りである。なお、エスカレータの歯車、軸受の診断方法に関しては、エレベータの場合と同一である。

A：駆動機　　　　　　B：駆動チェーン　　　C：電磁ブレーキ
D：スプロケット軸受　E：踏段チェーン　　　F：駆動ローラー軸受
G：追従ローラー軸受　H：トラス

(a) 駆動チェーン、踏段チェーン、スプロケット

駆動チェーンおよびスプロケット（図 2.86）に対して、通常の場合目視観察と耳による聴覚検査が実施されている。しかし、これらの方法ではかじりの兆候やスプロケットの微小な欠損などを検出することは困難である。さらに、チェーン全数を詳細に検査するには、多くの時間を要する。この駆動チェーン、およびスプロケットの異常を、AE により効率的に検査する方法を以下に示す。

スプロケットとチェーンのかみ合い部には、両部品の金属接触が存在し摩耗現象が生ずるため、AE が発生する。一般的に、摩耗量と AE パラメータ（振幅値やエネルギー等）の間には相関があることが知られており、検出した AE データを用いて両部品の摩耗状況を評価できる。図 2.87 に、歯 1 枚に摩耗が生じているスプロケットを、AE により評価した例を示す。この計測において、AE センサは上部スプロケットの軸受近傍に取り付けている。摩耗したスプロケットの歯とチェーンがかみ合った時に、潤滑状態の悪化により正常なスプロケットかみ合い時と比較して振幅値の大きな AE が発生する。また、AE は摩耗した歯とチェーンのかみ合い時に発生することから、図中に示すように、スプロケットが 1 周する周期と一致した周期 T1 で AE 発生が観察される。

一部に摩耗が生じているチェーンを評価した例を、図 2.88 に示す。スプロケ

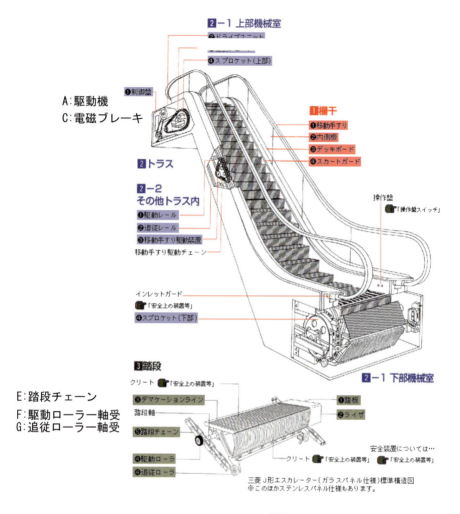

図 2.85 エスカレータの構造例

ットと同様に、摩耗したチェーンの一部とスプロケットがかみ合った時に振幅値の大きな AE が発生し、図中に示すように、チェーンが1周する周期と一致した周期 T2 で、AE 発生が観察される。このように、基本的にスプロケット2回転以上あるいはチェーンを2周以上動かす作業で検査が完了し、スプロケットとチェーンの摩耗や欠損を評価することができる。なお、この場合においても、スプ

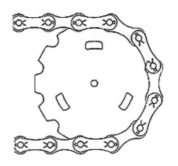

図2.86 エレベータのスプロケットおよびチェーン

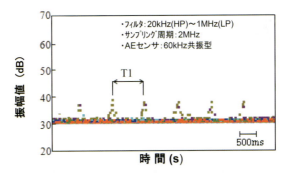

図2.87 歯1枚に摩耗が生じているスプロケットの摩耗時におけるAE発生挙動

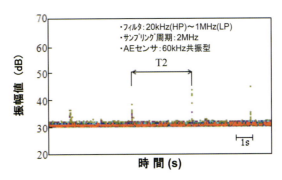

図2.88 チェーンの一部に、摩耗がある時に観察されるAE発生挙動

ロケットで発生したAEを、軸受を介して検出するため高周波数成分の減衰が大きく、60kHz 共振型センサなど、共振周波数の低いAEセンサを使用した方が、感度良く検出できる場合が多い。

なお、上記において駆動チェーンの事例を示したが、踏段チェーンに関しても同様の方法で検査することができる。

2.5.6 変圧器の部分放電への AE 試験の適用

発電所や変電所には、図 2.89 に示すように、多数の大型変圧器が存在する。こうした装置の老朽化に伴い、簡便かつ正確に状態評価が実施できる検査技術が求められている。

従来、変圧器内における部分放電の評価は、変圧器中の絶縁油サンプルを取り出し、それを化学分析することによって行われてきた。一方、古くから、変圧器内部で生ずる部分放電により、AEの発生することが知られていた。さらに、最近こうした部分放電だけでなく、変圧器の絶縁油中で生ずる局部的な温度上昇による油のガス化でも、検出可能なAEの発生することが報告されている。したがって、AE試験を実施することにより、こうした部分放電や局部的温度上昇などの劣化現象を、変圧器の供用中に検査することが可能となる。

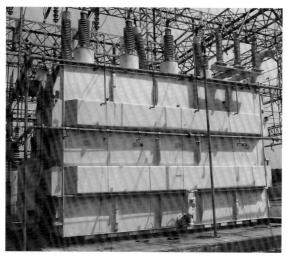

図 2.89 大型変圧器における部分放電の AE 法による状態評価

変圧器内で部分放電や局所的な温度上昇が起こると、突発型 AE が発生するが、複数の AE センサを変圧器外壁面に取り付けることにより、3 次元的な AE 発生位置を評価することができる。また、変圧器の稼動状態と AE 発生の傾向を解析することにより、劣化の程度や進行状況を管理することが可能となる。

参考文献

（1）岸 輝雄、栗林一彦：アコースティック・エミッションによる材料評価、日本金属学会会報、第 20 巻、第 3 号、pp. 167-175、(1981)
（2）金森博雄 編：岩波講座 地球科学 8、地震の物理、岩波書店、1978 年 10 月 19 日発行
（3）M. Enoki and T. Kishi: Acoustic Emission Source Characterization in Materials, "Acoustic Emission Beyond the MILLEENNIUM", Edited by T. Kishi, M. Ohtsu and S. Yuyama, Elsevier Science Ltd., pp. 1-17, September 2000
（4）M. Ohtsu: Moment Tensor Analysis of AE and SiGMA Code, "Acoustic Emission Beyond the MILLEENNIUM", Edited by T. Kishi, M. Ohtsu and S. Yuyama, Elsevier Science Ltd., pp. 19-34, September 2000
（5）今村 勤：物理とグリーン関数、岩波全書 308、1978 年 6 月 27 日発行
（6）S. Yuyama, T. Imanaka and M. Ohtsu: "Quantitative Evaluation of Microfracture due to Disbonding by Waveform Analysis of Acoustic Emission", The Journal of the Acoustical Society of America, Vol. 82, No. 3, pp. 976-983, (1988)
（7）大津政康 著（丹羽義次 監修）：アコースティック・エミッションの特性と理論、構造物の稼働時の非破壊検査法、森北出版株式会社、1988 年 8 月 23 日発行
（8）湯山茂徳、田中一夫、重石光弘、南部洋平：ASME 規格に基づく厚肉圧力容器の AE 試験、第 8 回 AE 総合コンファレンス論文集、日本非破壊検査協会、pp. 75-80、(1991)
（9）村上祐治、清水 保、神山英幸、松島 学、湯山茂徳：送電用鉄塔基礎の定着引き抜き実験に関する変形挙動と AE 特性（その 1、パラメータ解析）、第 9 回 AE 総合コンファレンス論文集、日本非破壊検査協会、pp. 137-142、(1993)
（10）岸上冬彦：破壊の進行に関する一実験、地震、6、pp. 25-31、(1934)
（11）湯山茂徳：圧電型 AE センサの原理と超小型センサの適用例, センサ技術, 7 (11)、pp. 55-58、(1987)
（12）田中哲郎、岡崎清、一ノ瀬昇：「圧電セラミック材料」、学献社、(1973)
（13）F. R. Brecknridge: Acoustic emission transducer calibration by means of the seismic surface pulse, J. Acoustic Emission, 1 (2), pp. 87-94, (1982)
（14）H. Hatano and E. Mori: Acoustic emission transducer and its absolute calibration, J. Acoust. Soc. Am., 59 (2), pp. 344-349, (1976)

(15) F. R. Breckenridge, T. Watanabe and H. Hatano: Calibration of acoustic emission transducers: Comparison of two methods, Progress in AE, M. Onoe, K. Yamaguchi and T. Kishi, eds·, Japanese Society for Non-Destructive Inspection (JSNDI), pp. 448-458, (1982)

(16) K. Mogi: Study of elastic shocks caused by fracture of hetero-genious materials and its relations to earthquake phenomena, Bull., Erthq. Res. Inst., 40, pp. 125-173, (1962)

(17) 湯山茂徳、李 正旺、大沢 勇、金原 勲、影山和郎：繊維シート補強コンクリートはりの AE モーメントテンソル解析による破壊過程および補強効果の定量的評価、土木学会論文集、No. 62、Vol. 43、pp. 279-289、(1999)

(18) I. Kimpara, K. Kageyama, T. Suzuki, and I. Ohsawa: Acoustic emission monitoring of damage progression of DFRP laminates under repeated tensile loading, Progress in AE VI (JSNDI), pp. 63-70, (1992)

(19) 高島和希、P. Bowen：SiC/Ti 合金複合材料の破壊及び疲労に伴う AE 解析、第 9 回 AE 総合コンファレンス論文集（日本非破壊検査協会）、pp. 211-216、(1993)

(20) 上野谷敏之：ガラス繊維織物／エポキシ積層板の界面破壊と AE、第 9 回 AE 総合コンファレンス論文集（日本非破壊検査協会）、pp. 163-168、(1993)

(21) S. Yuyama, Y. Hisamatsu, T. Kishi and H. Nakasa : "AE Analysis during Corrosion, Stress Corrosion Cracking, and Corrosion Fatigue Processes on Type 304 Stainless Steel", The 5th International Acoustic Emission Symposium (IAES5), Japanese Society for Non-Destructive Inspection (JSNDI), Tokyo, pp. 115-124, (1980)

(22) 湯山茂徳、岸輝雄、久松敬弘：すきま腐食-SCC 発生の AE 法による検知とその解析法、鉄と鋼、68（14）、pp. 2019-2028、(1982)

(23) 湯山茂徳、久松敬弘、岸 輝雄：304 ステンレス鋼の腐食疲労特性と AE 解析（AE モニタリング手法の確立と AE 発生源の検討）、日本金属学会誌、46 巻、1 号、pp. 85-93、(1982)

(24) 湯山茂徳、岸 輝雄、久松敬弘、垣見恒男：高強度 Ti-6Al-4V 合金の腐食疲労特性（微視割れ機構と AE 発生挙動の比較検討）、防食技術、33 巻、pp. 207-215、(1984)

(25) 湯山茂徳：アコースティック・エミッション（AE）法による腐食損傷評価、防食技術、35 巻、pp. 163-170、(1986)

(26) ASME Boiler and Pressure Vessel Code: "Acoustic emission examination of metallic vessels during pressure testing", Section V, Nondestructive Examination, Article 12, (1989)

(27) ASTM E 569-76 Standard Recommended Practice for Acoustic Emission Monitoring of Structures during Controlled Stimulation, (1976)

(28) ASTM E 1419-02b: Standard Test Method for Examination of Seamless, Gas-Filled, Pressure Vessels Using Acoustic Emission, (2003)

(29) 湯山茂徳、李 正旺、M. Jeon、H. Lee：低濃度ポリエチレンプラントにおけるチューブ反応器の

繰り返し加圧による AE 健全性評価、第 15 回 AE 総合コンファレンス論文集、日本非破壊検査協会、pp. 59-66、(2005)
(30) 湯山茂徳、李 正旺、山田 實、林 高弘：配管における AE 源位置標定精度の定量的評価と実構造物への適用、第 16 回 AE 総合コンファレンス論文集、日本非破壊検査協会、pp. 139-144、(2007)
(31) 湯山茂徳、李 正旺、山田 實、林 高弘：配管における AE 波の伝播・減衰に関する基礎的検討、第 16 回 AE 総合コンファレンス論文集、日本非破壊検査協会、pp. 133-138、(2007)
(32) 湯山茂徳、西田玉城：AE 法による地下埋設配管の腐食損傷診断、第 14 回 AE 総合コンファレンス論文集、日本非破壊検査協会、pp. 101-108、(2003)
(33) 湯山茂徳、李 正旺、山本浩二、西本重人：原油配管の腐食損傷診断における AE 法の有効性に関する検討(SLOFEC 及び UT 肉厚測定結果との比較検証)、第 20 回 AE 総合コンファレンス論文集、日本非破壊検査協会、pp. 89-94、(2015)
(34) 湯山茂徳、岡本亭久：AE 法によるコンクリート構造物の健全性診断、非破壊検査、第 49 巻 2 号、pp. 101-108、(2000)
(35) NDIS 2421：コンクリート構造物のアコースティック・エミッション試験方法、(2000)
(36) S. Yuyama and M. Ohtsu: Acoustic Emission Evaluation in Concrete, "Acoustic Emission Beyond the MILLEENNIUM", Edited by T. Kishi, M. Ohtsu and S. Yuyama, Elsevier Science Ltd., pp. 187-213, September 2000
(37) 湯山茂徳：航空機における非破壊評価技術としての AE 法適用の現状と将来、非破壊検査、第 44 巻 10 号、pp783-790、(1995)
(38) 湯山茂徳、岸 輝雄：AE の新素材への適用、非破壊検査、第 35 巻 10 号、pp. 720-728、(1986)
(39) 林洋一、松嶋正道、石川隆司：多点 AE による大型複合材構造物の強度試験時の損傷追跡、日本航空宇宙学会第 35 回構造強度に関する講演会講演集、pp. 368-371、1993.7.
(40) 井上紀明、西本重人、藤本芳樹、原田俊司：AE によるころがり軸受診断技術の開発、川崎製鐵技報、Vol. 20、pp. 64-68、(1988)
(41) 西本重人、新家昇：AE 法による打ち抜き加工のバリ発生評価、非破壊検査、第 54 巻、第 10 号、pp. 557-561、(2005)
(42) 西本重人、吉荒俊克、海陸力他：気体リークの計測と専用装置の開発、非破壊検査協会平成 7 年度秋季大会講演概要集、pp. 195-200、(1994)
(43) 三菱電機株式会社：ホームページ「エレベータのしくみ」より抜粋引用
http://www.mitsubishi-elevator.com/jp/html/inquiry/mechanism/elev_1.htm
(44) 吉岡武雄：振動ならびに AE による故障予知技術、潤滑、31 巻 5 号、pp. 291-294、(1986)
(45) 五十嵐昭男：転がり軸受の振動および音響、潤滑、32 巻 5 号、pp. 317-322、(1987)
(46) 三菱電機株式会社：ホームページ「エスカレータのしくみ」より抜粋引用
http://www.mitsubishi-elevator.com/jp/html/inquiry/mechanism/esca_1.htm

第3章

AI（機械学習）の基礎

3.1 はじめに

AE センサによって得られたデータは膨大で且つ対処する課題に応じて注目するべきデータの特徴が違ってくるため、この解析には AI の利用が必要不可欠となる。「AI によってデータを処理する。」と述べると、あたかも人は何もせず AI が全てを担ってくれるように聞こえるかもしれない。しかし AI がどんな問題にも常に作成可能である保証は全くなく、利用するためには、人が課題をうまく設定する必要がある。まず AI を使うとはどういうことかを、簡単な課題例を通して説明する。

3.2 AI による AE データ処理の例

AI によるデータ解析を理解するために、AE センサから受信した信号の取得時間に基づいて「外力が働いた時に得られたヒット（グループ A）」と「外力が働いていない時のヒット（グループ B）」を分類する課題を考える。この課題設定に対する作業フローは以下の通りである。

(0) 雑音処理：3 count 以下の信号は電気雑音、また Duration 2 ms（2000us）以上のデータは機械雑音として除去する。
(1) 取得データへのラベル付与：力の時間微分値を元に、センシング結果から外力の変化した時間とそうでない時間を測定時間で区別し、グループラベルを付与する。
(2) 判別器の作成：(1)を元に任意の時間で力が変化した時間か否かの判別器を作成する。
(3) 判別器の利用：(2)を元に全てのヒットを、観測時間を元に区別する。

一般に機械学習を利用する、というと「データを学習する」という言葉で語られるが、実際にデータ解析における上記 4 つのプロセスのうち、学習はプロセス(2)の部分のみに相当しており、そのほかに雑音処理によるデータのスクリーニングや生データに含まれていない特徴ラベルの付与、また学習器の運用といった作業がデータ解析全体のフローには含まれている。例えば処理(1)(2)は、単一のしきい値によるデータ判別に他ならないので処理は非常にシンプルであり、機械学習のようなたいへんなことをする必要はない。もっと言えば処理(3)であっても機械学習を用いるほどではな

いケースもある。機械学習を用いることが目的になってしまうと、本来は必要のないリソースを割いてしまう可能性がある。これを防ぐ意味でも「課題設定」を見誤らないようにして導入技術を検討すべきである。

さて、機械学習を用いる処理プロセス(2)について、具体的なデータをもとに説明をしよう。判別器とは、サンプルデータの属性（特徴量）に基づいて、そのサンプルがグループAか、グループBかを判断するプログラムをいう。また学習用データとは、サンプルデータに対して、それがグループAに属するか、グループBに属するかを既に答えとして付与されたデータ群を指す。この学習用データに基づいて（データを学習して）、まだグループAに属するか、グループBに属するかわからないサンプルをどちらに属するか区別する判別器を作ることが今回の目的である。これは機械学習の一応用事例である「分類」に対応する。

今回のケースでは、あるセンサでサンプルに働く外力を、一定時間間隔でモニターしているとする。「学習用データ」はこのモニタリングデータであり、それは｛時刻、グループラベル｝から成る。この時、時刻がサンプルデータの属性（特徴量）である。AEセンシングによるヒットの信号は任意の時間で発生するため、発生時刻からそのヒットがグループAかグループBかを判別できるようにすることを考える。これを機械学習によって行う際には問題を数学的に捉え直すことになる。つまりヒットを観測した時間を引数とし、0または1を返す関数を作成する、と考えるのである。0を返す場合にはそのヒットはグループA、1を返す場合にはグループB、と判別器が区別してくれたと解釈すれば、確かにこの関数は「判別器」としての機能を持っていることがわかる。

上記で述べたような、0、1という二つの値を返す関数を学習用データに合うようにするにはどうしたら良いだろうか。ここでは例として機械学習の多くのケースで用いられているシグモイド関数を紹介しよう。シグモイド関数は、以下のような関数で表現できる。

$$f(x) = \frac{1}{1+e^{-a(x-b)}}$$

$a=10$、$b=1$の時のこの関数のグラフを見ると、**図3.1(a)** のようになる。$x=1$を境目にして、0と1の2つの値を持っていることがわかる。この関数を複数組み合わせることで、外力センシングによる観測データを正しく表現できるパラメータを決めれば良い。別の言い方をすれば、測定点をいくつかのシグモイド関数を用いてフィッ

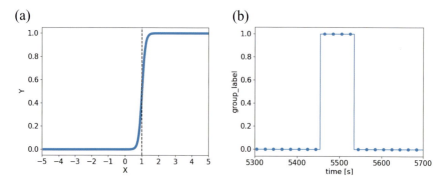

図3.1 (a) $a=10$、$b=1$ というパラメータを与えた時のシグモイド関数の概形 (b) 学習用データ（丸点）を2つのシグモイド関数でフィットした結果

ティングするといっても良い。今回の問題では図 3.1(b) の場合、2つのシグモイド関数を用いることでデータ点（学習用データ）を綺麗に再現する関数を設計することができた。

一度関数が作成できれば、時刻を入力するだけで力を変化させている時に生じたヒットか、そうでないかを人の判断を必要とせずに判別することができる。実際、この判別器を用いた前後でのヒットのヒストグラムを図 3.2 に示す。確かに、力の変化していない時間を取り除いたヒストグラムを作成できていることがわかる。この過程が、作業フロー(3) 判別器の利用に対応する。

本節で紹介した内容は、時間という一つの量をもとに判別をする非常に単純なケースであるが、エネルギーやカウント数、Duration など他の複数の観測量をもとに判別器を作成することもできる。この場合の判別器のモデリングはパーセプトロンと呼ばれ、機械学習の分野では古くから研究されている。

さらにシグモイド関数の組み合わせ方を複雑にして、人の手では判別が難しいようなケースにも対応できるようにしたものがいわゆるニューラルネットワーク、もしくは深層学習である。機械学習を学ばれた方は、深層学習などは複雑なことをしているように感じるかもしれないが、基本的には本節で述べたような二値関数（もしくは発火関数）のパラメータを学習データに合うよう調整（フィッティング）を行なっていると理解していただければ良いだろう。シグモイド関数による判別器と、一般的なニューラルネットワークモデルを図 3.3 に示す。単に構成要素の差があるのみであるこ

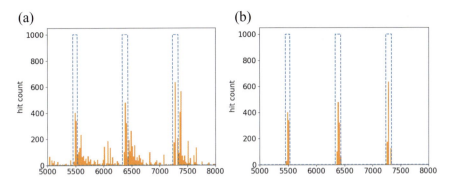

図 3.2 各時間における AE ヒット数のヒストグラム
(a) ノイズ除去のみのデータ
(b) 分類器をかけてグループを区別したヒットのみの集計結果

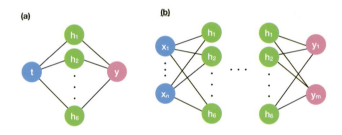

図 3.3 (a) シグモイド関数による分類器の概念図 (b) ディープラーニングの概念図

とがわかるだろう。

　最後に、学習データに含まれない状態・状況を、機械学習の結果からは予測も再現もできない点に注意されたい。「課題設定」をきちんと解決できるような「学習データ」が揃っているかどうかの検討は必須であり、揃っていない場合には「課題設定」の修正が求められることに常に意識を払うのが良いだろう。

3.3 AI を導入する前に考えるべきこと

　前節の例題から分かるように、AI を利用するとは、数学的に課題を捉えてその解決に取り組むことに他ならない。ではこれら数学に明るくない技術者は何を手掛かり

にAI技術を導入すれば良いのだろうか。ここでは「情報科学市民権の獲得」と「課題設定」こそ、最も注視すべきものであると主張したい。本節ではこの2点について詳しく述べる。

3.3.1 情報科学市民権の獲得

　技術者の全てが、AIのエキスパートになる必要はない。しかし、AI開発者を魔法使いの様にしか理解できない状況は、非常に問題である。機械学習をきちんと目的の技術課題に活用するためには、情報科学市民権を獲得することが望ましい。すなわち情報科学の専門用語がある程度理解でき、彼らの言葉を用いながら課題設定ができ、情報科学分野とある程度コミュニケーションが取れるレベルに至ることが望まれる。情報科学の背後には、種々の数理科学が潜んでいるために、多くの研究・開発者は難色を示すかもしれないが、ポイントを抑えれば普段我々が利用している技術の延長であることが理解できるはずで、コミュニケーションは十分可能である。

　本書では、その足がかりとして、機械学習によってもたらされる主な機能のうち、主に重要なものである「予測」「分類」の2つを、章の後半で取り挙げる。機械学習の背後にある数理を全て把握することは難しいが、これらベーシックな範囲をまず理解していただき、自身の研究課題への導入を検討していただきたい。

3.3.2 課題設定

　情報科学市民権が獲得できれば、AI開発のプロとコミュニケーションを取ることができ、課題に取り組むことができることを先に述べた。その一方、AI開発者に丸投げしてはいけない最も重要なことが、「課題設定」である。

　AI技術を導入したいと考えていながら手立てを講じられない実に多くの開発者が、情報処理の一般的な流れに沿った課題のブレイクダウンを意識できていないように見受けられる。若しくはAI技術を使うことに注力してしまったが故に、真に解決すべき課題からずれ、目的を見失っていることが多い。AI技術を、「なぜ」、「どういう目的で」、「どのように用いるのか」を整理して事前に「課題設定」を行わないで解析を行うということは、地図を持たずに航海に乗り出すようなものである。機械学習を導入しようとする多くの現場で、この視点が抜け落ちていることが多い。

　これに関連して、東京大学の岡田真人教授は、科学研究へAI技術を導入することによって成立する「データ駆動型科学」というコンセプトを打ち出し、神経科学者

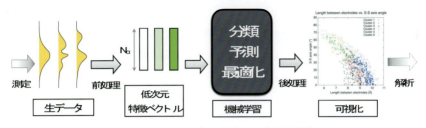

図 3.4　機械学習によるデータ解析の一般的な作業フロー

David Marr が掲げた 3 つのレベルを参考に説明している[1]。これを AI 活用に当てはめて説明すると，(Lv. 1) 計算・計測を行うための課題設定を行うレベル，(Lv. 2) 取得したデータを課題に沿って AI の専門用語を用いて処理する流れを組むレベル，(Lv. 3) AI を用いて実際に課題を解くレベル，となり 3 つのレベルが相互関係を持つことで初めて次世代型のデータ駆動科学が成立すると述べている。

AI 技術はレベル 2，3 に対する解決策を提示してくれるが，最も現実に即したレベル 1 に対する解決策を提示してくれない。つまり，今手元にあるデータを利用して何を成したいのか，を明確化しなくてはいけない。さらにそれは具体的に実施可能なレベルでなくてはならない。参考として情報処理の一般的な流れを 図 3.4 に示す。取得した生の計算・計測データを記述子で表現し，それを AI 技術で処理し，可視化して解析する一連の動作を参考に，まず課題設定を行う必要がある。

3.3.3　AI 技術導入のための第一歩

先に述べたことを実践するにはまず，いま行なっている研究・開発プロジェクトの課題や研究計画を改めて言語化することから始めるのが良いだろう。情報科学ありきで研究課題を捉えるのではなく，現状保有しているデータの規模，課題解決のために割けるリソースなどを整理し，今自分の課題解決を進める上でのボトルネックは一体なんなのかを考えるべきだ。例えば計算シミュレーションを行う上では，インプットの自動生成やログの自動解析による計算・解析の効率化などが，真っ先に考えられる。計測データのパラメータが多すぎて何から手をつけて良いのかわからない状況ならば，制御できそうなパラメータの列挙と計測時間，またすでに取得しているデータの設定パラメータとその結果をまず見直すことである。それらの課題を情報科学が担う「分類」「予測」などの機能の観点で効果的な役割を選択し，最も簡単な技術をまず導

入してみれば良い。その段階であぶり出された情報科学応用上の課題は、プロの情報科学者と相談することによって効率的に解決されるだろう。また必ずしも情報科学に頼らずとも、解決できる課題も多いだろう。この課題設定のフェーズを飛ばしてプロに外注したのでは、例え結果が出たとしても、現場にとって「実際に役に立つ」技術たり得ない。

　最終的には情報科学のプロの手を借りれば良いだろうが、課題設定だけは譲ってはいけない。全てを情報科学者に丸投げしたら、彼らは困ってしまうし、現場が抱える重要な課題が全て解決できるわけでもない。全体像を先ず描き、必要な「機能」を担う情報科学の詳細について技術的に相談できれば良く、そのためにも「情報科学のプロと会話できる」という情報科学市民権の取得を目指すべきだろう。

3.4 AIによる予測の仕組み

　「予測」とは技術的に捉えれば、これまで技術者が常日頃行ってきたデータに対するフィッティング曲線を用いた内挿に他ならない。技術者であれば誰しもが知っている例として、最小二乗法によってフィットした線形回帰が挙げられる。この回帰直線は観測されたデータに基づいて作成され、未測定のデータも凡そこの直線に従うだろうと考えられるため、その意味で未測定データに対する「予測値」を回帰直線は与えることになる。このように点を打って線を引くことが、予測技術の大まかな原理である。

　例えばAEセンサを導入して腐食速度を予測する課題について考えよう。この場合の予測とは、AEセンサから得られたデータを説明変数（x）とし、実測値である各タンクの腐食速度を目的変数（y）として両者の間に関数（モデル）を実測データに基づいて構成する。作成した関数を、新しく設計したタンクに用いることで、実際に腐食実験を行うことなくある程度タンクの性能を予測できる。これが機械学習による予測の流れである。

　注意していただきたいのは、機械学習による予測はあくまで「補間」であるため、観測されたデータの「外側」に対しては一切の予測性能を持たないことである。例えば日本における経年劣化による腐食をデータとして用いた場合、さらに高温多湿な東南アジアで正しく予測ができるとは限らない。学習用データとして獲得したAEデータと対応する事象の組み合わせ以外の、いわゆる「想定外」のことに対する予測性能

は保証されないのだ。

さて「予測」とは回帰直線による補間に他ならないと述べたが、近年の機械学習の強みはその線の引き方の多様性にある。これは「予測モデル」と「損失（評価）関数」の多様性ともいうことができる。前者は、どんなタイプの線を引くか、後者は引いた線の良し悪しをどう評価するかを制御するためのもので、一般的な線形回帰では「予測モデル」は一次関数、「損失関数」はデータとモデルの間の二乗誤差が対応する。ここからは、これら「予測モデル」と「損失関数」について順を追って簡単に述べ、回帰モデルを作成する際に重要となる「交差検証」について説明する。最後に、近年注目を集めているベイズ統計の観点から、回帰によるデータフィッティングを確率論的に定式化する。

3.4.1 予測（回帰）モデル

機械学習で用いられる予測モデルの基本的なものとして、多項式などの基底関数の線形結合で表現された線形モデルが挙げられるだろう。線形モデルは、もっとも基本的な回帰モデルであり、モデルとデータの間の最小二乗誤差を最小にするようなモデルの係数は、解析的に得ることができる。また二値的な振る舞いを説明する際にしばしば用いられるロジスティック回帰は、非線形関数でありながら式変形によって線形回帰に帰着させることができるために一般化線形モデルと呼ばれ、いずれもパラメータを決めることで線を引くために、パラメトリック手法とも表現される。深層学習などで用いられるニューラルネットワークモデルもパラメトリックであり、ニューラルネットワークモデルは、その係数を最適化することで多様な非線形関数を高い精度で近似することができる。

一方、あらわなフィッティングパラメータを用いず、データ点からフィッティング曲線を直接生成するタイプの予測モデルも、機械学習では広く用いられる。これらはノンパラメトリック手法として知られており、カーネル法、ガウス過程回帰、非線形関数の局所多項式近似であるスプライン補間などが挙げられる。

では、簡単な例として、パラメトリック法である線形回帰と、ノンパラメトリック法であるカーネル法を比較してみよう。図3.5に雑音つき正弦関数に対する、単一変数を用いた線形回帰とカーネル法の結果を比較したものを示す。見ての通り、線形回帰では当然直線を引くことしかできず、二乗誤差を十分小さくすることができていない。一方カーネル法を用いると、1変数しか用いず、かつ正弦関数という関数形を全

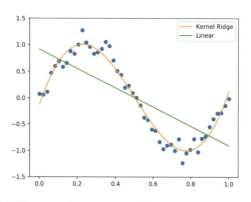

図 3.5　一次関数による回帰と、カーネル法による 1 変数モデリングの結果図

く入力していないにも関わらずかなり正弦的な振る舞いをもつ回帰曲線を作成することが可能である。少ない説明変数であっても、複雑なモデリングが可能であることが、カーネル法の一つの強みである。

　一方、線形モデルであっても説明変数 x の 1 次の項だけでなく高次の項まで含んだ多変数モデルを用いることで、正弦的な振る舞いをもつ回帰曲線を構成することが可能である。この場合には、説明変数の空間を広げないと適切なモデリングが難しいが、説明変数の係数がいくらか明確に分かるため、どの説明変数の重みが強いか、若しくは今回の場合、何次の項の役割が大きいかについて解析することが可能となる。その一方、カーネル法を用いると、一般にどの説明変数が、この場合で言うと、何次の項がモデル構築の観点から重要な役割を果たしているかを理解することが困難であることが多い。

　このような観点から、カーネル法を使うべきか、線形モデルによる回帰を用いるべきかどうかは、「課題設定」によるところが大きい。特に、(1) 予測性能、(2) モデル可読性という観点から、両者を使い分けることができるだろう。

3.4.2　損失関数と正則化

　回帰モデルを決めただけでは、パラメータの値に応じて無数に線を引くことができてしまうため、これら無数の線の候補から最も尤もらしい線を選ぶ、つまり「最適」なパラメータを決定するための指標が必要である。これが損失（評価）関数である。

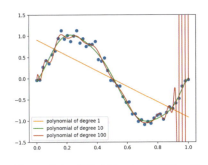

図 3.6　最小二乗法を用いた一次関数、10次関数、100次関数によるフィッティング結果

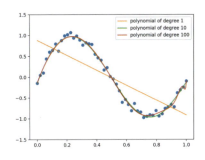

図 3.7　正則化を用いた一次関数、10次関数、100次関数によるフィッティング結果

実測値とモデルによる予測値の間の二乗誤差などが損失関数の例として挙げられる。損失関数を最適化（二乗誤差の場合は最小化）することで、最適なモデルパラメータを決められるが、近年の機械学習で用いられている損失関数は二乗誤差だけではない。

損失関数を変更する例として過学習の回避を取り上げよう。回帰モデルがデータ点に比べて多数のパラメータを持っている場合、モデルがデータ点に過度に合わせすぎてしまうことで、却って予測精度の低い回帰曲線が得られてしまう、いわゆる「過学習」が起きてしまうことがある。図 3.6 に、正弦関数からサンプルした 50 点のデータを、x の 1 次の項まで、10 次の項まで、100 次の項まで用いたモデルで回帰を行なった結果を示す。当然、1 次の項では直線しか引けないため精度は悪いが、10 次まで考慮するとデータ点に概ねフィットした曲線をモデルとして得ることができる。一方、100 次まで取り入れてしまうと変数がデータ点数に対して多すぎるため、50 点のデータ上をほとんど通るようにモデルを構築できてしまう。そのため最小二乗誤差を 10 次のモデルより大きく下げることができる。しかしその代償として、図 3.6 の右領域に見られるような極端な値の変動がモデルに生じる。極度に変動している領域では、明らかにデータの傾向を捉えることができておらず、データの補間が適切に行われていないため、このモデルは予測性能が過度に落ちる。こういった、データに合わせこみすぎてしまう現象を、過学習という。

これを防ぐために、損失関数として二乗誤差に加えて正則化項（若しくはペナルティ項）を導入したものが広く用いられている。リッジ回帰や LASSO (least absolute shrinkage and selection operator) と呼ばれるものである。また、リバースモンテカ

第 3 章　AI（機械学習）の基礎　　111

ルロ法等でしばしば用いられる最大エントロピー法も、正則化項に情報エントロピーを導入したものであり、上述の例の一つである。

具体的な損失関数の式は以下の通りである。説明変数 x_i、目的変数 y_i、線形モデルのパラメータを表す列ベクトルをと A した場合、最小二乗法で用いられる損失関数 $L(A)$ は、

$$L(A) = \frac{1}{2}\sum_i |y_i - A_i x_i|^2$$

である。またリッジ回帰で用いられる損失関数 $L_2(A)$ は、

$$L_2(A) = \frac{1}{2}\sum_i |y_i - A_i x_i|^2 + \lambda |A|^2$$

で表される。正則化項の係数であるはパラメータで、この値を大きくするほど係数 A への制約がます。図 3.7 は図 3.6 と同様、x の 1 次の項まで、50 次の項まで、100 次の項まで用いたモデルを、$\lambda = 1.0 \times 10^{-3}$ とした損失関数 $L_2(A)$ で最適化した際の結果である。100 次の項までを用いたモデルも過学習することなく、10 次までのモデルと同様のモデルが構築できている。

正則化項は、パラメータを無制限に大きくすることを抑えるような働きを示す。リッジ回帰で用いられる損失関数 $L_2(A)$ では、係数ベクトルの 2 次ノルムが正則化項として使われているが、ここを 1 次ノルムとした損失関数の元でモデルを評価する手法を LASSO と呼ぶ。LASSO は、リッジ回帰より強い制約をモデルの係数に課し、多くの係数を 0 にするように働く。つまり係数が 0 になった変数はモデルから除外されるため、モデルに寄与する変数を「選択」することができる。したがって、考えうる説明変数を全て考慮した上で、恣意的に変数を選別するのではなく、LASSO を用いれば変数選択も自動化することができるようになる。このように、損失関数のカスタマイズによって、同一の回帰モデルを用いたとしても予測モデルのデザインの幅が格段に広がる。

3.4.3　交差検証

モデルによる回帰を行う際に、過学習の回避や特徴量の抽出の目的で、正則化項を導入した損失関数によるモデル選択の手法を紹介した。しかし課題として正則化項の係数である λ というパラメータの値をどのように決めれば良いのだろうか。本節では、広く用いられる交差検証（Cross Validation）について説明しよう。

「良い」回帰モデルでは、同じ観測によって得られたデータのどの部分集合を持ってきても、同程度でかつ十分小さい誤差範囲に収まっていることを期待する。これを検証するために、K-分割交差検証（K-fold cross validation）と呼ばれる方法では、以下の順序でモデルを評価する。

1. 全データを K 分割して、そのうち K-1 個の部分集合を"学習データ"とし、回帰モデルを構築する。
2. 学習に利用しなかった残り 1 個の部分集合に対して、回帰モデルの平均誤差を計算する。
3. 上記 1、2 を全ての組み合わせに対して K 回実行する。
4. 2 で得られたテスト集合に対する K 回分の誤差の平均値を、交差検証誤差（cross validation error: CVE）とする。

上記のフローに従って各 λ に対して CVE を計算し、CVE が最小となる λ の値を最適値とする。

サンプルデータが少ない場合には、K-分割交差検証では学習用データのサイズ自体が小さくなってしまう恐れがあるので、データ数 N に対して N-1 個のデータで学習し残りひとつのデータでテスト誤差を評価する、Leave-One-Out 交差検証（Leave-One-Out Cross Validation: LOOCV）もしばしば用いられる。

3.4.4 モデル回帰のベイズ統計による定式化

さて、最後に発展的な内容として、モデル回帰をベイズ統計に従って再定式化しよう。これにより、損失関数に導入した正則化項がもつ意味合いも確率論的な意味で明確になり、より現代的な機械学習への広がりを感じ取れることだろう。

ベイズ統計は、結果から原因を推察することに主眼を置き、結果として観測されたデータから、原因となったと考えられるモデル自体を確率的な推定対象であるとした統計学の一派である。つまり真に知ることができない、データの背後にあるモデルは確率的にしか理解できない、という立場である。真の確率分布の存在を仮定し、十分な統計が集まった元で展開される、フィッシャー・ネイマン・ピアソンらによって確立された頻度主義的統計学とは、この点で異なる。各統計学派の違いなどの説明は別書に譲るとして、ここでは回帰を確率論的に展開した場合、どのように定式化できる

かを眺めることにする。

　まず、ベイズ統計に入る前に最尤推定について触れておこう。データとして、$X = \{x, y\}$の組が得られたとし、これらのデータは回帰モデル$y = f_\theta(x)$でフィットできるとする（θはモデルパラメータ）。但しこのモデル化には曖昧さがあり、それを誤差として評価する。例えば誤差εが平均0、分散σの正規分布に従うとする。これにより、データ点は決定論的に得られたのではなく、確率的に生成されたと捉えることができる。

　さてεが正規分布に従うということは、$\varepsilon = y - f_\theta(x)$と書けることから右辺が正規分布に従うということである。つまり回帰モデル$y = f_\theta(x)$を決めた上で、データの組Xを得る確率$P(X|\theta)$は、

$$P(X|\theta) = \frac{1}{\sqrt{2\pi\sigma^2}}e^{-\frac{\varepsilon^2}{2\sigma^2}} = \frac{1}{\sqrt{2\pi\sigma^2}}e^{-\frac{|y - f_\theta(x)|^2}{2\sigma^2}}$$

と書くことができる。さらに複数のデータを独立に集め、$X = \{x_i, y_i\}_{i=1,n}$というn個のデータを集めたとしよう。このデータが得られる確率は、各データを得た時の同時確率だから上式の積で表されて、

$$P(X|\theta) = \left(\frac{1}{\sqrt{2\pi\sigma^2}}\right)^n \prod_{i=1}^{n} e^{-\frac{|y_i - f_\theta(x_i)|^2}{2\sigma^2}}$$

となる。ここで本題に戻り、「データ点を得た上で回帰モデル$f_\theta(x)$の尤もらしさ」をどう評価するかを、この確率を元に定式化する。これが、尤度（likelihood）という量の評価である。

　尤度とはパラメータを固定した際にそのデータが得られる確率を表し、まさに上式そのものである。確かにデータ集合Xはすでに観測されたものなので定数であり、尤度はモデルパラメータθと誤差関数のパラメータσの関数になっている。ここで現実にデータを得たという事実から、最適なパラメータは尤度の最大値を与えると考えられることができる。このようなプロセスで尤度を元にパラメータを推定することを、最尤推定と呼ぶ。

　実際に尤度を最大にするパラメータを決定する上で指数関数は取り扱いにくいので、尤度の対数をとった対数尤度を最大化することが多い。対数尤度を計算してみると、積は指数部分の和で表現できるので、

$$\ln P(X|\theta) = \frac{1}{2\sigma^2}\sum_{i=1}^{n}|y_i - f_\theta(X)|^2 - \frac{n}{2}\ln(2\pi\sigma^2)$$

と書くことができる。対数尤度を最大化する、ということは、右辺の二乗和を最小化することに他ならず、これは最小二乗法と等価であることがわかる。以上のことから、誤差関数として正規分布を仮定した最尤推定による解は、最小二乗法によって得られる解と一致することが理解される。

　続いて最尤推定をさらにベイズ的に発展させよう。ベイズ統計では、モデルパラメータもあくまで確率的にしか評価できないとする。つまり「モデルパラメータ θ の確率分布」というものを考えることができる。これは、データを得た条件の元、パラメータの値の尤もらしさを確率分布として表現していることになる。尤度自体はモデルパラメータ θ に対して規格化もされていないため確率分布ではないことに注意されたい。この尤度とモデルパラメータ θ の確率分布を繋ぐのが、ベイズの定理である。ベイズの定理は以下の確率の関係式で与えられる：

$$p(\theta\,|\,X) = \frac{p(X\,|\,\theta)\cdot p(\theta)}{p(X)}$$

但し、$p(\theta\,|\,X)$ はデータ X を得た時の回帰モデルパラメータ θ の条件付き確率、$p(X\,|\,\theta)$ は尤度、$p(\theta)$ は回帰モデルパラメータ θ の"元々"の確率分布である。この定理は、条件付き確率の対称性を利用することで簡単に示すことができる。

　ここで直観的にわかりにくいのが、回帰モデルパラメータ θ の"元々"の確率分布 $p(\theta)$ である。これは「事前分布」と呼ばれ、大体モデルパラメータはこれくらいの値であろう、という経験則からくる分布である。この事前知識を確率分布という形で統計モデルに組み込んだのが、この事前分布である。そして、事前分布に尤度をかけた左辺の確率 $p(\theta\,|\,X)$ を事後確率と呼ぶ。これは、事前分布がデータを取得したことによって更新された結果であると解釈することができる。また事前情報がなく、どのパラメータも等しくそれらしい状態では、事前分布を定数分布、もしくは確率的な性質を保存しかつ各々の生じる確率が等しくなるような無情報事前分布が用いられる。

　まとめると、
1. 事前分布：こうなっているに違いない、という経験則・事前知識
2. 尤度関数：モデルパラメータを固定した時のデータ取得確率
3. 事後分布：データと経験を合わせ込んだ結果のモデルパラメータの尤もらしさ

となる。尤度そのものではなく、事後確率を最大化するパラメータを持ってモデル推定を行うことを MAP（Maximum a posteriori）推定という。また、事前分布を無情報事前分布としたとき、MAP 推定は、最尤推定と等価となる。

では最後に、MAP 推定が与える結果についてみてみよう。回帰モデルパラメータ θ が「ゼロから大きくは外れない」と事前にわかっていたとして、正規分布を用いた事前分布として表現すると、

$$P(\theta) = \frac{1}{\sqrt{2\pi\lambda^2}} e^{-\frac{\theta^2}{2\lambda^2}}$$

と表すことができる。これを尤度関数にかけて得られた事後確率の対数をとると、

$$\ln p(\theta \mid X) = \ln p(X \mid \theta) p(\theta) \sim -\left(\frac{1}{2\sigma^2}\sum_{i=1}^{n} |y_i - f_\theta(x_i)|^2 + \frac{1}{2\lambda^2}|\theta|^2\right)$$

となり、係数を取り直せば、見事に L2 正則化項を含む損失関数の最小化問題に帰着され、これはリッジ回帰と等価である。つまりリッジ回帰とは、パラメータがゼロからさほど大きくないだろうという事前知識を、正規分布によってモデル化したことに他ならない。実際、上式のが大きくなると、事前分布の分散が大きくなるため、次第に最小二乗法の結果に近づくことも予想できる。また、事前分布として指数が 1 次であるラプラス分布を採用すれば、L1 正則化項が現れ、これは LASSO と一致する。このように損失関数の正則化項は、ベイズ統計の枠組みで見れば事前分布に他ならず、これが過学習を抑え、変数を選択する機能を与える。

本節では、回帰と正則化によるモデル選択について、ベイズ統計の枠組みを含めた部分まで解説した。本稿の内容を発展させ、LASSO によってなぜ変数選択が可能なのか具体的な尤度関数やその最適化手法などを学ばれれば、自分の課題に対しても機械学習の目をもってデータフィッティングが可能になることだろう。

3.5 AI による分類の仕組み

分類も回帰モデルによる予測同様に、「点を打って線を引く」イメージでまずは捉えてみよう。回帰の場合は、様々な回帰モデルや損失関数を用いてプロットしたデータに沿うような線を構成することで行われた。分類の場合はデータに沿う線ではなく、データの集合を分割する「境界線を引く」という具合に捉えれば良い。例えば、**図 3.8** に示すように赤色の点の集合と青色の点の集合が 2 次元平面上にプロットできたとしよう。このとき、機械学習の手法を用いることで、両集団を隔てる境界線を引くことができる。今回のケースでは、サポートベクトルマシン（SVM）と呼ばれる一般的なものを用いた。この結果、新しく取得されたデータがどちらの領域に属するか

わかれば、その点の色を分類することができる。

図3.8 では SVM という代表的な技術を用いたが、ニューラルネットワークによる画像認識も、この様な背景の元に成立した技術である。もちろん全ての分類問題の背後にある数理を「点を打って線を引く」という幾何学的な視点で理解できる保証はないが、機械学習がブラックボックスのように感じられている初学者にとっては、十分理解の助けとなるはずだ。

AE センシングにおける分類とは、例えば取得データに基づいて「クラックが生じたかそうでないか」を分類するような課題に用いられる。この分類がうまくいくと、モニタリングデータを逐次処理することで、クラックが生じたか否か、観測データを元に判断することが可能になる。この場合、図3.8 の各点が AE センシングデータ、領域の色はクラックが生じたか否かを表していると考えれば良い。ただ AE センサから取得できるデータは、複数の特徴量からなるため綺麗に 2 次元で表現できることは稀である。そこで低次元特徴空間を構成することにより、直感的な分類が可能になる。

さて、本節ではまず分類問題に関連する「教師あり学習」と「教師なし学習」について説明する。これらには優劣があるわけではなく、課題や状況に応じて使い分ける必要がある。それに続き、「類似性と特徴空間」という観点から、分類問題を数理的に扱う際の本質的な難しさについて解説する。これらを踏まえて具体例として、低次元特徴空間の構成のための教師なし学習である主成分分析（Principal Component Analysis: PCA）と、簡便な分類手法である k-means 法について、スペクトルの分類

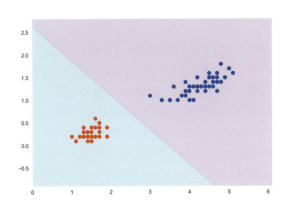

図3.8 「点を打って線を引く」イメージに基づいた分類の概念図

を例題として解説する。

3.5.1　教師あり学習と教師なし学習

　分類を行う際の境界線の引き方には、1.すでにわかっている分類パターンに従うように新たな取得データを分類したいのか、2.取得されたデータセットから似た者同士を集めることで分類したいのか、によって処理が異なる。前者のような分類手法を教師あり学習（supervised learning）、後者を教師なし学習（unsupervised learning）と呼ぶ。すでに挙げたサポートベクトルマシンや深層学習は「教師あり学習」であり、「教師なし学習」の例には、Ward 法などの階層的クラスタリングや k-means 法、混合正規分布を用いた分類が挙げられる。これらの特徴を、**図 3.9** を見ながら考えてみよう。

　まず**図 3.9(a)** を見ていただきたい。教師あり学習の場合、すでに取得されたデータ点が色分け（ラベル付け）されていることが前提で、このパターンをもとに分類器を作成する。具体例では、計測したデータが破壊現象を捉えているかそうでないかという2値が色・もしくはラベルに対応する。この取得済みデータのパターンを学習した分類器を用いることで、新しく取得されたデータがどちらに属するかを区別することができる。

　一方、教師なし学習では**図 3.9(b)** に示すように、取得データがまだ色分けされていない状況が前提となる。そして、データの特徴に従って、似ているものと似ていないものを機械的に判別し、データに色分けを行うことが教師なし学習である。例えば、大量の AE センサのうち、類似した信号を検出するセンサを分類したいケースなどを想像していただければ良い。こういったデータは、往々にしてそのままの状態で解析して全体像を捉えることが難しい。そこで、まず機械学習による分類によってデータの特徴をおさえ、解析の糸口を見つけることができれば、大量のデータを放置することなく、有効活用できる道筋が見えるだろう。

　さて、教師あり学習と教師なし学習の違いをこれまで説明したわけだが、本質的に難しいのは色分けの仕方や分類の仕方ではない。もっとも難しいのは、「どういった空間にデータをマップすれば分類が可能か。」という点である。例えば**図 3.9(a)** に筋の悪い教師の例を図示した。このような場合、緑とピンクの点を区別する境界線を引くことは直感的にも難しいことがわかるだろう。データがすでに色分けされていても、点の打ち方次第では、正しく動作する分類器を「教師あり学習」で作ることはできない。また同様に、**図 3.9(b)** のように綺麗に2つの集合に別れるようデータをマ

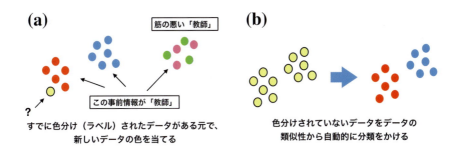

図 3.9 （a）教師あり学習の概念図 （b）教師なし学習の概念図

ップできれば問題ないが、一般にはこのように綺麗なパターンを持つようデータ点をプロットできる保証はない。

以上のように、AE 信号をどういう空間にマップする（点を打つ）かが分類を扱う際の重要な問題である。この点を「類似度」と「特徴空間」という観点から、もう少し深く見ていくことにする。

3.5.2 類似度と特徴空間

前節では、AE 信号をどういう空間にマップする（点を打つ）かが分類を扱う際の重要な問題であることを指摘した。教師なし学習を例にとると、仮に似た特徴を持つデータは近く、似ていないデータは離れるようにデータをプロットすることができれば、分類はうまく行えるだろう。教師あり学習の範疇で言えば、同じ分類に属するデータは類似の特徴量を持っていると捉えることができ、いずれの場合もデータ点の間にある種の「距離」を導入することで、数学的に類似度を表現できる。つまり類似度を評価するための「距離」を導入した「特徴空間」上にデータをマップすることで、近い距離にあるものを同じグループであるとすれば、自然と分類することができる。

もう少し具体的に「距離」について数理的な例を挙げると、ユークリッド距離やマハラノビス距離といったもの、また曲がった空間の幾何学を考慮した際に導入する計量に基づく距離も考えられる。これら数理的な距離が具体的にどのような「類似性」を評価することになるのかはまだまだ研究が必要であり、一概に適切な距離を指定することはできない。今後の事例蓄積を通して、距離の適切なデザインが進むことを期待する。

一方「特徴空間」に関しては、データの「記述子・特徴量」をどう取るか、と言い

換えても良いだろう。例えばスペクトルデータを記録する方法として、ピークの本数、フィッティング曲線の最適パラメータ、もしくは各エネルギーにおける頻度全てを記録することなど、複数考えることができる。これらが記述子であり、特徴空間の「軸」に相当する。

どの記述子を採用して特徴空間を張れば分類がうまくいくかどうかを、一般論として議論することはまだまだ困難であり、「課題」に応じて適切に特徴空間を設計することも、機械学習を利用する上での重要な作業であることを忘れてはならない。またこの特徴空間の設計は、分類のみならず、データの「特徴」からその時の状況を定量的に予測しようと試みる類の回帰問題でも同様の問題が生じる。

では、どのように特徴空間を構成すれば良いのだろうか。シンプルな方策として、考えうる特徴を集めた、比較的大きい特徴空間をまず構成し、そこから十分な情報を保持する低次元の特徴空間を再構成するフローが考えられるだろう。生データは、往々にして高次元になりがちだが、我々は3次元程度までしか感覚的に把握することができない。そのために、低次元化もしくは特徴抽出という工程を加えることで、抽象的な低次元特徴空間にデータを移し、その様子を感覚的に俯瞰することができる。低次元化の手法はいくつかあるが、次節では最も簡単な例である主成分分析（PCA）について解説する。

3.5.3　低次元特徴空間を構成するための主成分解析

主成分解析（Principal component Analysis: PCA）の精神は「似た傾向を持つ変数同士を組み合わせて、表現力の高い少数の新しい軸を取り直す」ことにある。似た傾向を持つ変数、とはつまり変数間の高い相関を意味し、表現力の高い新しい軸とは、その軸に沿ったデータの分散が大きいことを意味する。この部分をもう少し詳しく、図3.10(a) に基づいて解説しよう。

ある変数に対して、図3.10(a) のような散布図が得られたとし、この散布図が持つ特徴表現力をなるべく保持したまま、新しい軸を取ることを考える。散布図が持つ特徴表現力とは、ここではデータの分散構造であるとも言い換えることができる。例えば図3.10(b) の「Bad」で示されるように、データ間の分散が小さい場合、この分布はデータ間の違いをうまく説明できず、このようなデータ集合による特徴の表現力は低い、と捉えることができる。一方で分散の大きいデータ集合（Good）は、物質の特徴をより様々に表現できていると理解することができる。さて、図3.10(a) に

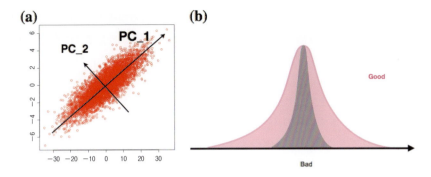

図3.10 (a) 主成分分析の概念図 (b) 分散の大小と特徴の表現力の概念図

戻ると、PC_1という軸に沿った軸で見るとデータ点の分散を大きく取ることができ、2次元空間で表現できていた特徴の大半をPC_1という一軸に落とすことができる。このような軸を構成する方法が主成分分析である。

主成分分析は、数理的にはデータの分散共分散行列を対角化することに他ならない。仮にD次元のデータをN点取得した時、データセットは$D \times N$行列X（design matrix）として、

$$X = \begin{pmatrix} x_{11} & x_{12} & \cdots & x_{1D} \\ \vdots & & \ddots & \vdots \\ x_{N1} & x_{N2} & \cdots & x_{ND} \end{pmatrix}$$

と表すことができる。ただし行列要素は、各データの平均値からのズレを表す。このとき分散共分散行列Vは、

$$V = X^T X$$

という$D \times D$行列で表される。この行列は、対角項に各変数の分散、非対角項に変数間の共分散があらわれる。分散共分散行列の固有ベクトルを主成分と呼び、固有値の大きいものから第1主成分と順序づけられる。また主成分に対応する固有値は、その軸方向に対するデータの分散を表している。また固有値の総和に対する各固有値の割合を、主成分の寄与率と呼ぶ。すなわち、第i主成分の寄与率は、

$$r_i = \frac{\lambda_i}{\sum_j \lambda_j}$$

である。この寄与率をもとに、主成分によって低次元化した空間が、下の空間をどの程度再現できているかを議論することができる。仮に、第三主成分までの寄与率の和が 0.90 であった場合、この低次元特徴空間は、下の空間の 90％ を再現できていると解釈できる。

さて、主成分分析をスペクトルの低次元特徴空間へのマッピングを具体例として取り扱ってみよう。まず全てのスペクトルをまとめてプロットしたものを、図 3.11(a) に示す。このプロットから、各々のスペクトルの類似性や相違点を議論することは難しいことが見て取れるだろう。このスペクトルは、x 軸方向のメッシュが 515 点あるため、ひとつのスペクトルは 515 次元のベクトルであるとみなすことができる。PCAを用いることで、515 次元を低次元化し、データ構造を明確にすることがここでの目的である。

このスペクトルデータに対し、PCAによって上位 5 つの主成分に対する寄与率を計算した。その結果は、第 1 主成分から順に 0.521、0.369、0.043、0.022、0.016 であった。第 1、第 2 主成分の寄与率の和は 0.89 であり、2 成分で全体の約 90％ の情報を保持できていると解釈することができる。つまり、2 次元の主成分（特徴）空間にデータ点をプロットしても、データの全体構造を概ね捉えることができるはずである。実際に、データ点を 2 次元の主成分空間にマップした結果を、図 3.11(b) に示す。この 1 点 1 点がスペクトルを表している。この結果から、大きく分けて 3 種類のスペクトルが含まれているように見える。生のスペクトルを眺めていたのでは直感的に捉えづらかったデータ構造が、低次元化によって明確に捉えることができるようになっ

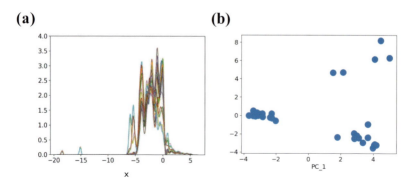

図 3.11　(a) スペクトルの生データ　(b) スペクトルを主成分特徴空間にマップした結果

たことがわかるだろう。

しかし、この段階ではまだまだ課題が多い。例えば、主成分空間上でのデータ分類を、「客観的」に行うにはどうしたら良いだろうか。これを可能にするのが教師なし学習であり、本稿では時節として、K-means法を紹介する。

3.5.4　K-means法による分類

主成分分析を行うことで、高次元データを低次元の特徴空間にマップすることができた。まだラベルの付与されていないこの空間上でのデータの分類に、教師なし学習であるK-means法を適用して、ラベルを付与することを考えよう。

まず、D次元のN個のデータセット $\{x_i, \cdots, x_N\}$ が K 個のクラスターに分類分け可能であるとし、K 個のクラスター中心を占めすベクトルを μ_k ($k = 1, \cdots, K$) とする。また、データ点 x_n に対してどのクラスターに属しているかを表す指標 r_{nk} ($k = 1, \cdots, K$) を導入する。r_{nk} は K 次元のベクトルであり、K 次元の中で一つだけ1をとり、他は0となるものとする。仮に $r_{nk} = 1, r_{nj} = 0$ ($j \neq k$) であれば、データ点 x_n は k 番目のクラスターに属する、と解釈することができる。推定対象は、μ_k と r_{nk} の2種類の量である。

ここで良い分類結果と悪い分類結果の違いを考えてみよう。**図3.12** にその例を示す。良い結果と比べて、悪い分類結果ではクラスター内でのデータの分散が大きいように見える。良い分類結果では、クラスターはコンパクトにまとまっており、データ中心からの分散は比較的小さい。つまりデータの分散を最小化するように μ_k と r_{nk} を決定すれば良い。

このことから、最小化する目的関数は、

$$J = \sum_{n=1}^{N} \sum_{k=1}^{K} r_{nk} |x_n - \mu_k|^2$$

という、各クラスターが有する分散の和として表現することができる。

J の最適化は、μ_k と r_{nk} の一方を固定して他方を動かすプロセスを、交互に行うことで実現できる。まず μ_k を固定した時、各データ点 x_n に対して、$|x_n - \mu_k|^2$ が最小になるような k に対して $r_{nk} = 1$ となるように選べば良い。つまり、最も近いデータ中心を見つけ、そのクラスターにデータ点を割り当てることに他ならない。幾何学的にはデータ中心間の垂直二等分線で空間を分割し、それぞれの領域内に含まれるか否かをもってデータを分類していく作業になる。

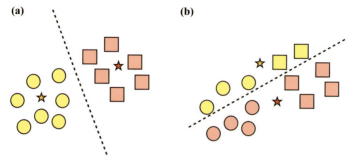

図 3.12 (a) 良い分類結果 (b) 悪い分類結果

次に、データ中心の最適化である。J を μ_k に対する偏微分が 0 となるようにすれば良いから、

$$\frac{\partial J}{\partial \mu_k} = 2\sum_{n=1}^{N} r_{nk}(x_n - \mu_k) = 0$$

$$\therefore \mu_k = \frac{\sum_n r_{nk} x_n}{\sum_n r_{nk}}$$

である。これは、k 番目のクラスターに含まれているデータ点の平均値に他ならない。このように、データの割り当て方とデータ中心の更新を交互におこない、割り当てが変化しなくなるまで繰り返す手法を K-means 法と呼ぶ。実は、K-means 法は混合ガウス分布に対する最尤推定で広く用いられる EM アルゴリズムを行なっていると見なすこともできる。

さて、前節で得た主成分空間でのマップ結果を、K-means 法によって分類してみよう。その結果を図 3.13(a) に示す。K-means 法の結果は、確かに適切な分類を与えているように見える。データが与えられれば、この結果は誰が行っても同様な結果になる客観性の高いものであることを再度強調しておこう。なお、K-means 法では事前にクラスターの数を入力する必要があり、今回は 3 とした。最適なクラスター数を客観的に評価する手法もいくらか存在するが、本稿ではそれらの説明は割愛する。

データに基づいた分類が可能になったので、次にこれらが具体的にどのような特徴に基づいていたかを考えてみよう。図 3.13(b) に各クラスターに属するスペクトルを全てプロットしたものを示す。確かに外形が類似したものが綺麗に分離されていることが見て取れる。

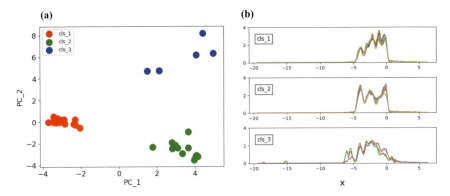

図 3.13 K-means 法によるスペクトルデータの分類結果
 (a) 主成分特徴空間上での結果、
 (b) 各分類に属するスペクトル生データ

　今回は非常に簡単な手法である、PCA と K-means 法を紹介した。これらで目的を達成できない場合には、非不値行列分解やカーネル PCA 法による低次元化、混合ガウス分布やニューラルネットワークによる分類手法などが次の候補となるだろう。これらを運用する上で、情報科学者との議論は大変有効である。しかしながら、PCA や K-means 法に触れずに、こうした複雑な手法に関して情報科学者と議論することは難しいだろう。基本的な手法を習得・理解したのちならば、高度な内容であってもコミュニケーションが可能である。簡易な手法であると侮らず、まず自身の課題に適用して、低次元化と分類の利点をぜひ感じ取ってほしい。

参考文献

（1）五十嵐 康彦、竹中 光、永田 賢二、岡田真人：AI for Science とデータ駆動科学―ベイズ計測と VMA の提案―、応用統計学、Vol 45 (3)、pp. 75-86、(2016)
（2）C.M. ビショップ著（元田 浩、栗田多喜夫、樋口知之、松本祐治、村田 昇監訳）：パターン認識と学習（上・下）、ベイズ理論による統計的予測、丸善出版（株）、2007 年 12 月

第4章

IoT の適用実例

4.1 スマート工場におけるIoT

　工場設備のAE計測を実施する際に、対象となる設備と制御室の距離が遠く離れている場合が多く、円滑な作業の遂行に大きな障害となる。とりわけ、長期のモニタリング時間を要する状態監視では、現場の状況を定常的に把握する必要があるため、設備と制御室を頻繁に往復する必要が生じ、時間的、費用的負担は多大なものとなる。

　この問題は、AEモニタリング システムによるIoTを導入することで、容易に解決できる。すなわち図4.1に模式的に示されるように、ターミナルとなるAE計測システムを設備近くに設置し、それらと監視用コンピュータを、LANを介して接続することにより、監視者のいる制御室で、刻々変化するAE発生状況を観察し、同時に必要な解析・評価を実施できる。異なる複数の設備が同区域に存在し、それらを並列でモニターする場合には、各設備をグループ化し、グループごと個別に作業を行う。

　既にこのようなLANを利用したIoT用AEモニタリング システムが市販されている。こうした装置では、標準ネットワーク／イントラネット用ソフトウェアを利用することにより、設備近くに置かれたターミナルAEシステムで表示される画面を、制御室に置かれた主コンピュータにより、そのまま実時間で観察することができる。さらに、その場でAE計測条件を変更し、またターミナル コンピュータで採取したデータを、ゲートウェイを通して、インターネット経由でクラウドへ、任意に転送するなどの作業が行える。

　多種多様な工場設備を所有する自動車業界をはじめ各製造メーカでは、製造コスト

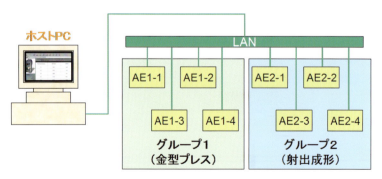

図4.1　LANを通じてグループごとにデータを統括管理する、工場における製造工程管理システムの模式図

を低減するために、製造ラインの自動化を推進し、さまざまな取り組みを行っている。ラインの自動化を進める場合に最も大きな障壁になるのは検査工程で、人間による検査工程をいかに自動化できるかがライン自動化の要となる。また、自動化が進むと、安価な部品製造過程で、不良品が1個発生した場合であっても、それが後工程に流れると最終的に大きな損失を生むことになる。したがって、各工程における信頼性の高い製品検査が、非常に重要になる。さらに、市場の製品に対する安全性への要求は年々増加し、企業として製品の品質確保が、喫緊の課題となっている。ここでは、製品検査手法として、近年急激に導入が進んでいるAEによるIoTをとりあげ、実施例を示すことにより、その応用方法と有用性を紹介する[1]。

4.1.1 絞り加工

　金型を用いる絞り加工は、自動車や鉄鋼業界、また家電業界をはじめ、さまざまな分野で使用されている。絞り加工は、他の加工方法と同様に生産性を向上させるために加工速度の改善が行われている。しかし、その反面、加工により製品に欠陥が発生すると、大量の不良品を発生させる危険性がある。現状では、絞り加工後の製品検査は、検査面が広範囲であることや、製品の形状が複雑なものが多いことから、人間による目視検査が中心となり自動化が遅れている。以下に、自動車ボディーの絞り加工における製品の亀裂検出にAE法を適用し、加工後の自動化を成功させた事例を紹介する。

　図4.2に、加工後の製品形状と発生した亀裂の例を示す。図中に示すような形状の変化部に亀裂が発生しやすいが、常に決まった位置に発生するとは限らない。ここで

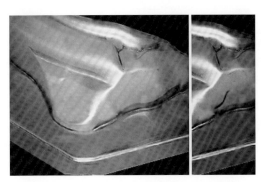

図4.2　金型絞り加工中に製品で発生した亀裂

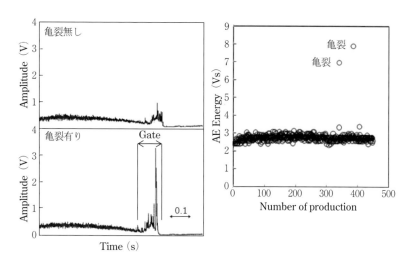

図 4.3　絞り加工中に観察される包絡線検波波形　図 4.4　検出される AE エネルギーの時間履歴

は、一例として大きな亀裂発生を示したが、通常は目視では認識が困難な、小さな亀裂の場合が多い。

　AE 信号は、亀裂が製品中で発生するため、AE センサを製品に直接取り付けることが最良である。しかし、通常の場合製品にセンサを設置するような治具や、機構の追加加工は難しい。そこで、製品と直接接する金型にセンサを設置し、金型中を伝搬する AE 信号を検出する。また、上金型は上下に稼働してノイズを発生しやすいので、下金型に AE センサを設置するほうが良好な結果が得られる。

　図 4.3 上部に、加工中に検出された AE の包絡線検波波形を示す。加工中には各種の AE が発生するが、これらは加工状態が一定であれば常に同一パターンで発生する。同図下部に、製品に亀裂が発生した際に検出された AE 信号の包絡線検波波形を示す。正常な加工の場合と比較して、異なる AE 発生が観察され、亀裂の発生を評価できる。

　図 4.3 の Gate で示す範囲中で発生する AE のエネルギーを算出し、生産開始直後からの変化を解析した結果を図 4.4 に示す。亀裂発生時に AE のエネルギーが増加し、製品の亀裂発生を検知できることがわかる。

4.1.2　研削加工

　研削加工は、切削加工と並び製品加工の最も基本的な加工方法で、さまざまな分野

で使用されている。研削加工における製品不良は、主に砥石の切れ刃性能の低下や、目づまりによって発生するが、これらを直接測定することは困難で、ラインの連続加工においては、一般的に定期的に砥石表面をドレッシング（ダイヤモンドの刃物で砥石表面を削って新しい研削面を生成させる）する方法がとられている。しかし、この方法では、砥石がまだ使用できる状態でもドレッシング作業を行うので生産コストが高くなり、さらに突発的な目づまりが発生して研削焼けが発生すると、大量に不良品が発生する。こうした問題を解決した一例として、クランクシャフトの研削加工にAE法を適用し、研削状態を評価した事例を紹介する。

　研削時に発生するAEを検出するために、クランクシャフト内を伝搬するAEの減衰と、ノイズの評価を行った結果、金属シューにAEセンサを取り付けるのが有効と確認された。図 4.5 に、ドレッシング直後のAEの包絡線検波波形と、目づまりが発生した場合の波形、さらに研削焼けが発生した場合の波形を示す。研削加工において、砥石の接触面は一種の摩擦摩耗現象が生じていると考えられ、目づまりが発生すると摩擦力が増加する。これを裏付けるように、目づまり発生時にAE振幅値の上昇が観察される。また、研削焼け発生時に振幅値が著しく上昇し、研削焼けの発生を検知で

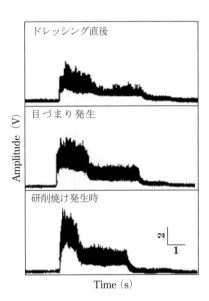

図 4.5　研削加工中に観察される各種包絡線検波波形

きる。従来、研削焼けの検出には、研削後に磁粉探傷などが実施されているが、AE法を利用することにより、加工中に判断することができる。

4.1.3 特殊材料

近年、金属材料だけでなく、様々な材料が使用されるようになり、あらたな検査方法が求められるようになった。そこで、最近特に生産量が急増し、精度の高い欠陥検査需要が急増する太陽光発電用ソーラーパネルの欠陥検査に、AEを適用した事例を紹介する。

ソーラーパネルの材料となるシリコンは、金属に比べ吸収係数が低いことに加え、検出対象のクラックは、X線透過厚の差が生じにくくコントラストが得にくいために、X線検査は適用されていない。またシリコンパネルの生産ラインでは、スループットやコストなど生産性の面から、超音波探傷やX線検査は適用されていないとされる。したがって、ソーラーパネルの製造工程において、シリコンに存在する欠陥の検出は、最終の発電試験工程で、所定の発電力が得られないことにより初めて認識される。しかし、この時点ではパネルは最終製品に近く、手直しに多大な工数を要する。さらに、ソーラーパネルのコストは、その材料であるシリコンの材料費が大半をしめるため、コストダウンとしてシリコンの厚みの薄肉化が進んでいる。しかし、シリコンの厚みが薄くなるほど亀裂の発生する確率が高まり、シリコンパネルの欠陥検査の重要性がますます増加している。

図 4.6 に、AE によるシリコンパネルの欠陥検査装置を示す。シリコンパネルを両端から支持し、支持後に揺動支持部（B）を傾けることにより、パネルにねじり力を加える。もちろん、ねじりの大きさは、パネルの設計強度に対して十分小さく設定される。

図 4.7 に、検出された AE 振幅値の発生履歴を示す。亀裂が存在すると、ソーラーパネルにねじりを加えることにより、亀裂面同士で摩擦が生じて AE が発生する。図に示されるように、亀裂が存在する場合には、亀裂のないパネルと比較して検出される振幅値が大きく、より多くの AE 信号が観察される。

図 4.8 に、検出された AE エネルギーと、それに対応して発生した AE 信号数の分布、すなわちエネルギー分布を示す。亀裂のあるパネル（□）と亀裂のないパネル（○）で AE の発生分布が異なり、図中に示すように亀裂の有無を、領域分けすることにより、両者を識別できる。

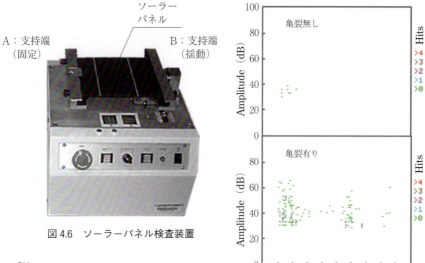

図 4.6　ソーラーパネル検査装置

図 4.7　AE 振幅値の履歴

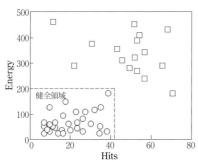

図 4.8　検出された AE エネルギーの分布

4.1.4　まとめ

　製品検査として、AE 計測を実施する際にしばしば問題となるのは、製造現場と管理者のいる制御室が離れている場合が多く、検査・管理のために、往復に多くの時間を費やさなければならないことがある。この問題は、LAN を通じて構築されるネットワーク監視 AE システム（IoT）を導入することにより、容易に解決できる。すなわち、端末となる AE 計測システムを各製造装置近くに設置し、それらとホスト コンピュータを LAN によって接続することにより、中央制御室で、刻々変化する現場の AE 発生状況をモニターできる。異なる複数の装置が並列で稼動している場合には、

それぞれの過程ごとグループ化し、グループごとにモニタリングを実施して、並列に作業を行う。

既にこのようなネットワーク監視 AE システムが市販され、現場で活用されている。こうした装置では、標準ネットワーク用ソフトウェアを利用することにより、製造現場に置かれた端末 AE 装置と全く同じディスプレイ画面を、制御室のホストコンピュータ上で、実時間でモニターし、AE 計測条件の変更や、データ管理、アラーム信号の出力条件の変更などが行える。

製造現場における自動化によるコストダウン、品質管理の高度化、そして省エネルギー化への要求は、ますます高まっている。こうした要求を満たすためのオンライン検査方法として、IoT に基づく AE 法の製品検査への応用は、今後ますます増加していくものと考えられる。

4.2 スマートコンビナートにおける IoT

国内外において、図 4.9 に示されるような球形ホルダーの健全性を、供用中に評価する試験法として、AE 試験が汎用されている。イギリスでは、既に 1980 年代末からモデムを介して、ホルダーの連続モニタリングが行われており、今日ではデータ採取・解析は IoT 化されている[2]。AE センサは、ホルダーの球面上に、均等に配置され、AE 活動度を調査する。もし問題となる部位があれば、AE 集中源（クラスター）と判定され、そのデータを既存のデータベースに参照し、自動的にグレード分けされる。

図 4.9　AE モニタリングが実施される球形ホルダー

こうした場合、追認試験として超音波探傷（UT）や浸透探傷（PT）試験など他の非破壊試験が適用され、詳細な評価が行われる。一方、AE 試験結果に問題がなければ、ホルダーは開放されることなく操業が続けられる。イギリスにおいて、AE 試験を適用することにより、30 年以上開放検査を行わず、全く問題なく連続操業している事例が報告されている。

　海外の化学プラントにおいて、反応容器の漏洩検知を目的として、AE による連続モニタリングが実施されている。長さ 10 ～ 15m、直径 2 ～ 3 m の容器に対して、漏洩が問題になりやすいノズル部を監視するために、8 ～ 12 チャンネルの AE センサを設置し、漏洩発生の兆候を IoT により中央制御室で監視している。

　欧米、中東などで、図 4.10 に示されるようなコンビナートの中枢部分を担う圧力容器の、IoT による連続モニタリングが実施されている。欧米・中東系大手石油会社の中には、コンビナート新設の際、新規の容器に対して、AE による IoT モニタリングを操業開始時から行うために、容器の設計・製作段階から AE センサ取り付け用治具の設置を、予め標準化している事業者もある。実際に行われた業務として、中東に新設したコンビナートの大型圧力容器に対して、24 時間体制で実時間のデータ採取・解析・評価が要求された際に、時差を利用しイギリス、アメリカ、日本の専門技術者が、IoT を用いてそれぞれ 8 時間のモニタリングを分担した実績が報告されている。

図 4.10　IoT による AE 連続モニタリング実施中の圧力容器

図 4.11　IoT モニタリングを実施中の反応塔

図4.11に、AEによるIoTモニタリングを実施中の反応塔の一例が示されている。この装置で、問題となる2箇所の部位に、それぞれ4個のAEセンサを設置し、同時に5種のプロセスパラメータ（温度、圧力、流量、生産量、気象など、プロセスに関係するデータ）を採取してデータセットを構成し、解析・評価をリアルタイムで行う。AE専門技術者は、日報を提出するとともに、詳細な解析結果を、毎週報告する。

図4.12に、操業条件の変化（温度低下）により顕在化した、溶接線部に存在する欠陥の状況が示されている。上の図にAEイベント発生位置が、また下の図に温度変化の履歴が与えられている。位置標定結果において、溶接線部にAEイベントが集中して発生したクラスターが明確に認められる。後に行われたUT試験により、この部分に溶接線に沿った内部クラックの存在が確認された。

図4.13に、化学プラントにおけるIoT実施の状況が模式的に示されている。プラントには、反応容器、貯蔵装置、撹拌装置、熱交換器、パイプライン、その他製造プロセスに必要な各種装置が多数存在し、それらに設置されたAEセンサで採取したデータをターミナルPCに取り込み、LANを用いてネットワークに入力し、リアルタイムでデータ解析・評価、そして保存する状況が示されている。

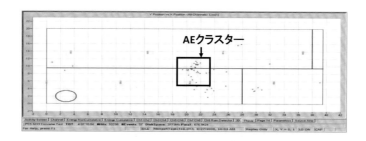

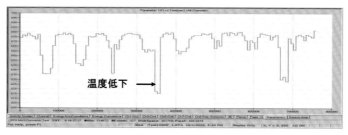

図4.12　操業条件の変化（温度低下）により顕在化した、溶接線部の欠陥

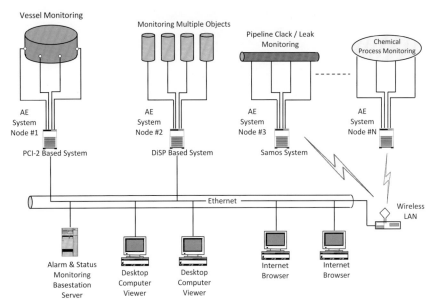

図 4.13　IoT 実施状況を示す模式図

4.3 インフラ構造物の IoT

4.3.1　岩盤斜面のモデム通信による遠隔連続モニタリング

　1996 年 2 月 10 日、北海道の豊浜トンネルで、体積約 1 万 m^3、重量 27,000 トンにものぼる巨大岩盤のすべり破壊に起因した崩落事故が発生し（**図 4.14** 参照）、通過中のバスと乗用車が巻き込まれ、20 名の尊い人命が失われた。この事故の後、こうした岩盤崩落を未然に予知し、事故発生を防ぐ監視技術の一つとして AE 法が注目され、全国各地の 10 数箇所に余る現場で、1997 年から連続 AE モニタリングが実施され、基礎データが採取された。

　計測現場は、都市から離れた山間の遠隔地にある場合が多く、連続監視を効率よく実施し、データ採集、および解析を容易に行うために、モデム通信を用いた遠隔監視用 AE システムが使用された[3]。モニタリング開始の時点で、既にインターネットが普及しつつあったが、まだデータ通信などに十分な信頼性を確保できる確証が得られなかったため、実績のあるモデム通信を利用した。**図 4.15** に一例として、システム

図 4.14　北海道豊浜トンネルの岩盤崩落事故

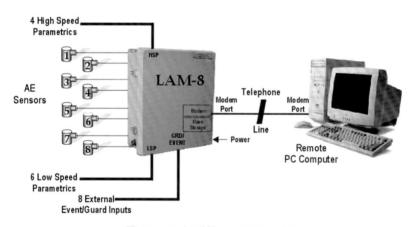

図 4.15　モデム監視システムの模式図

（ここで、High Speed Parametrics は、1 kHz 〜 10kHz のアナログデータ採取用、また Low Speed Parametrics は、1 kHz 以下のアナログデータ採取に適用。一方、Event/Guard 入力は、外部雑音識別信号の入力端子として使用。）

の系統図が模式的に示されている。AE 監視用として 6 〜 12 チャンネル程度が用意され、さらに必要に応じて、ひずみや変形などの、アナログデータの入力が可能になっている。

　通常のデータ解析には、AE 波形を信号処理した特性パラメータが用いられるが、そのデータ容量はそれ程大きなものではなく、電話回線を用いたモデム通信で、ほと

んど問題は生じなかった。しかしながら、検出した波形データを記録するとデータ容量が膨大になる場合があり、ホストコンピュータへ転送中に、問題がしばしば生じた。この問題は、光ケーブルなど大容量の通信回線を準備し、また適切なソフトウェアを開発し、最新通信機能を有する装置を導入することで解決された。

4.3.2　吊り橋のインターネット モニタリング

　アメリカやイギリスにおいて、吊り橋を支えるケーブルの、AE による連続モニタリングが、2000 年代初頭より実施されている[4]。フィラデルフィア（ペンシルベニア州）と対岸のニュージャージー州を結ぶベン・フランクリン橋は、デラウェア川に 1922～1926 年にかけて建設された。我国で言えばちょうど東京湾に架かる、レインボーブリッジやベイブリッジの役割を果しており、交通量の多い極めて重要な橋である。1972 年以降、適切な維持・管理（ケーブルのオイリングなど）を中断したため、近年になり、ケーブルを構成する鋼線ストランドの 10％近くが破断しているのが、目視検査により確認された。こうしたケーブルの補修には多額の費用が掛り、さらに深刻な交通障害を引き起こすなどの問題の生ずることが予想された。このため橋を管理する港湾当局は、補修を行わず、AE 法を利用して鋼線の破断状況を連続監視し、橋の安全を確保することにより、そのまま供用し続けることを決定した。

　AE モニタリングを実施するために、既存のディジタルシステムを拡張し、新たに 56 チャンネルの AE システム（センサ ハイウェーシステム）が開発された。そのシステム概観が、図 4.16 に与えられている。さらに、モニタリングを開始する前に、基礎試験として実際のケーブルを利用して AE 波の減衰特性を調べ、また人工的に鋼線を破断して AE を発生させ、それが AE センサで検出可能かどうか調査し、使用するセンサの周波数特性やセンサ間距離を決定した。図 4.17 に、AE センサのケーブル上への、取り付け作業状況が示されている。

　この AE モニタリングにおける目的と概要は、以下の通りである。
① AE 信号を検出することにより、鋼線の破断を検知し、その位置を特定・確認する。
② 光ファイバーネットワークの利用により、膨大な量の測定データからなる大量の情報を短時間で転送、収録可能な遠隔監視システムを確立する。
③ 現場で稼動可能な、完全自立型システムを開発する。
④ インターネット利用による、遠隔モニタリング／サービス システムを開発・確立する。

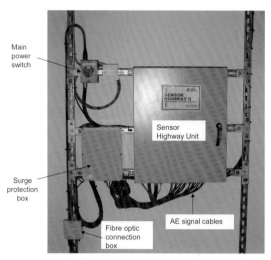

図 4.16　6 台のセンサーハイウェーシステムとベースステーションで構成されるモニタリングシステムのうち 1 台を例示

図 4.17　ケーブル上への AE センサーの取り付け状況

　この計測において、遠隔インターネットモニタリングを実施することにより、パスワード所有者のみが計測システムへログイン可能であり、システムの状態や AE データの発生状況とその解析結果に関する情報を、任意の場所で知ることができる。
　必用な情報は、ログイン後直ちに現れるサマリーページのメインメニューから選択する。図 4.18 に、一例としてイベントの発生状況を示す活動度グラフが与えられている。位置標定が行えたイベント発生状況を表示したもので、計測時間帯を変更し、

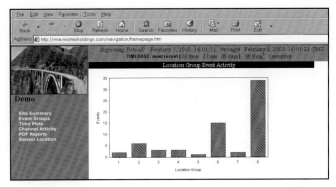

図 4.18 インターネット画面上に示された AE イベント検出数

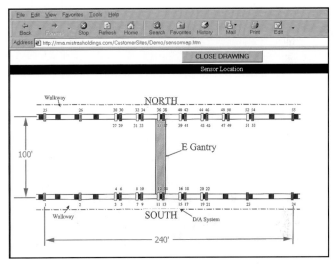

図 4.19 吊り橋のケーブル上におけるセンサ配置図
(各数字がセンサ番号に、またその位置がセンサ取り付け位置に対応)

別のグラフに任意に移動可能である。**図 4.19** は、センサ位置を表す図である。対象となる構造物（2 本のケーブル）上における AE センサ位置を示し、AE イベントが発生した位置との関係が、画面上で確認できる。この他にも、各チャンネルで検出されたヒット数や平均信号レベル（ASL）などの AE 活動度とその履歴、および別の 2 種のパラメータ（例えばひずみ、変位など）を、計測時間帯を任意に設定して観察することができる。

図 4.20 マンハッタン橋における構造物ヘルスモニタリング

図 4.20 に、現在構造物ヘルスモニタリングの一環として、2008 年以来 AE 連続モニタリングを実施中の、マンハッタン橋が示されている。この橋は、ニューヨーク市のマンハッタンとニュージャージー州を結ぶために、1883 年に完成した主スパン長さ 483m の吊り橋である。近年主ケーブルに、腐食に起因する深刻な問題が発見され、AE 連続モニタリングが実施されることとなった。中央主スパン部に設置された、新規開発のセンサ ハイウェーシステムにより、AE、光ファイバーひずみ、局部 PH、気温、湿度、腐食電位、そして気候変化などのデータが採取され、インターネットを介して中央監視室に送られ、実時間解析・評価が行われる。

これら、現在稼動中のインターネット利用による構造物の遠隔モニタリング サービスの特徴として、次の内容が挙げられる。

① インターネットの利用により、AE データ、さらにひずみや振動データなどを遠隔操作で採取し、必要に応じて警報を発生する。
② Web サイトの利用により、パスワード所有者が自由に状況を閲覧でき、AE データの現状、および警報発生の有無などを任意に知ることができる。
③ 採取された元データを閲覧するだけではなく、専門技術者により実施された AE データの解析・評価結果の確認などのサービスを、自由に選択して利用できる。

現在このようなインターネットを利用した AE 連続モニタリングは、全米にある 10 数ヶ所の橋梁、さらにイギリスにある 10 ヶ所近くの橋梁において実施されている[2][4]。

4.3.3 PC（プレストレスト）橋の IoT

我が国で、暗（交通）騒音、振動などのある供用中の実橋において、PC 鋼材の破

断を検出するため、2000年代の初頭に数カ月にわたり、AE連続モニタリングが行われた[5]。図4.21は、モニタリングを実施した長さ25mのPC桁を持つ高架橋である。

主に60kHz共振型プリアンプ内蔵AEセンサをおよそ6m間隔で配置し、実際の鋼線破断を再現するため、実桁に接着した小型モデル供試体中の鋼線を、図4.22に見られるように腐食により破断させ、その時発生するAE信号を検出した。このモニタリングでは、AEによる鋼線破断検出数の実際の鋼線破断確認数に対する比率は、約86%であった。しかしながら、実桁の破断モニタリングにおいては、破断が起こるPC桁にAEセンサを直接取り付けることから、検出率はこの値を上回るものと考

図4.21 AE連続モニタリングを実施したPC高架橋

図4.22 PC鋼線（撚り線）の腐食による破断状況

えられる。

このモニタリングおいて、周波数特性の異なる3種のAEセンサ（30kHz共振、60kHz共振、および150kHz共振）を、同一条件で計測に用いることにより、検出されるAE信号の周波数特性を調べた。その結果、実橋におけるモニタリングには、AE波の伝播減衰が比較的小さく、低周波雑音の影響を受けにくい60kHz共振型センサ（計測周波数帯域：30～100kHz）を使用するのが最も実用的であることが示された。

検出されるAEデータの大部分を占める交通雑音は、車両の移動に伴い、AE信号を検出するセンサの設置位置が移動するという特徴を持つことが確認された。この場合、PC桁上を車両が通過する時間（1～2秒間）に、数10～100を越えるAE信号で構成されるAE信号セットが形成される。車種により検出される信号数や振幅値は異なるが、車両通過に起因するAE信号セットの特徴は保たれるため、鋼材破断による有意なAE信号との識別は容易であった。

本モニタリングにより、鋼材破断に起因するAE信号を、交通雑音から識別し、解析・評価可能なことが証明された。例えば、横桁で区切られる一区間に対して、直線位置標定を実施するには2個の、また平面位置標定を実施するには4個のAEセンサ

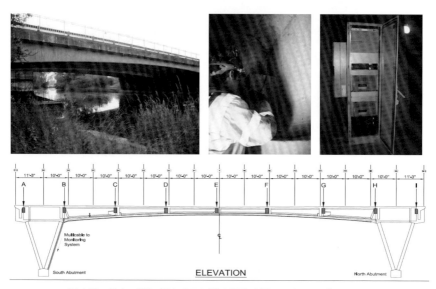

図4.23　テムズ川に架かるPC橋の鋼線破断モニタリングシステム

を、それぞれ横桁近くに桁を挟むように配置すれば、問題なく鋼材破断をモニタリングできる。したがって、30～35m 程度の長さを持つ PC 桁の場合、横桁により 5 区間程度に分割されることから、全体をモニターするには 10 個（直線位置標定のみ）、あるいは 20 個（平面位置標定も可能）のセンサを適切に配置すればよい。

　こうして、我国で確立された基礎技術を基に、英国でインターネット利用（IoT）による、AE 連続モニタリングが、2008 年以来実施されている[(2)]。英国ハイウェー庁が施主となり、図 4.23 に示されるテムズ川に架る全長 50m（PC 桁 12 個）の PC 橋で実施されているもので、施工不良に起因する鋼線破断の検知が目的である。モニタリングは、変位計からのアナログデータ入力が可能な、108 チャンネル AE システムを、全天候型計測小屋に設置して行われている。

4.4 スマートグリッド（送電施設）の IoT

　各国において、発電・送電・配電の効率化、省エネ化、そして安定化を実現するため、スマートグリッドシステムの開発が行われている。こうした技術開発の一環として、送電スイッチやブレーカー、そして変圧器など送電施設の主要部をなす機器の AE 連続監視が、無線 AE モニタリングシステムを用い、IoT により実施されている。

　図 4.24 に、この目的で開発されたシステムが示されている。こうした装置に要求

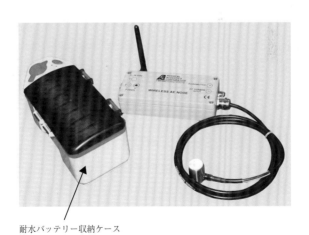

耐水バッテリー収納ケース

図 4.24　送電スイッチの連続モニタリング（IoT）用無線 AE システム

図 4.25　送電スイッチの AE 連続モニタリング

される仕様として、長時間安定的に稼働可能なバッテリー、容易なバッテリー交換性、そして無線でのデータ転送が挙げられ、これらを満たすシステムとして開発されたものである。耐水ケースに収納されたバッテリーにより、無交換で 3 ヶ月程度の連続計測が可能であり、AE ヒット信号とバッテリー電圧を、無線を通じてモニタリングする。合計 12 チャンネルの無線システムを、送電施設のスイッチヤードに据付け、送電スイッチ、ブレーカー、および変圧器の部分放電や欠陥を連続モニタリングしている。実際にこのシステムを送電スイッチに取り付け、モニターを実施している状況が、**図 4.25** に示されている。

4.5　ガス・蒸気タービンの IoT

　機械・装置の状態監視において、AE による IoT が用いられ大きな成功をおさめている。その一例として、タービンの AE 監視がある。既に米 GE 社などにおいて、発電用ガスタービン／蒸気タービン、そして両者を組み合わせたコンバインドサイクル発電の状態監視に、IoT が広く利用されている。しかしながら、こうしたタービンの監視に、AE による IoT を最初に用いたのは、我が国の火力発電所である。

火力発電所の蒸気タービンにおいて、蒸気中に含まれる酸化スケールがタービンブレードあるいはノズルに衝突してエロージョンを発生させ問題となっている。従来こうしたエロージョンの発生は、蒸気中の酸化スケール量を測定して判定してきたが、エロージョンの程度と、発生するスケール量との間に明確な相関が無いため、エロージョンの程度を評価することが困難であり、有害なエロージョンの存在に誘引され、突発的に発電を停止しなければならない事態の生ずる可能性が指摘されている。また、タービンブレードが破損した場合には、運転停止期間が長期化し、極めて大きな経済的損失が発生する。こうした蒸気タービンの高圧、および中圧タービン軸受にAEセンサを設置し、状態監視を行ったところ、タービンノズルやブレードにエロージョン、あるいはブレード破損が発生すると、大振幅値を持つAE信号が検出されることが明らかになった[6]。

　図 4.26 に、基礎試験として行った、タービンにおける AE 波伝播試験の実施状況が示されている。これにより、図 4.27 に示されるようにタービンの軸受に AE センサを設置することで、エロージョンやブレード破損に起因する AE 信号を、十分検出できる可能性が推測された。

　実用試験として、タービン運転中に AE 計測を行い、ノズルのみならずブレードにエロージョンが発生した場合や、ブレード破損時にも、大きな振幅値を持つ AE 信号の検出されることが確認された。したがって、AE モニタリングを行うことにより、タービンの状態監視が可能であり、その特徴を利用して、効率的な運転管理を行えることが示された。

　発電用ガスタービンにラビング（擦れ）が発生すると、回転に同期して振幅の大きな AE 信号が検出される。蒸気タービンにおいては、発生する AE 信号レベルに対して背景雑音が小さいため、適切なしきい値を設定することによりラビング発生を検知できる。しかしながら、ガスタービンでは背景雑音が大きいため、大振幅値を持つ AE 信号に注目した監視のみでは、ラビング発生を検知できない場合が多い。従来から、ラビングの監視方法として、検波波形の周期解析などが有効であるとされているが、背景雑音が大きい場合には、この解析法も適用困難な場合がある。

　ラビングに起因する AE 信号は、大きな振幅値を持つほかに、高周波数帯域の成分が増大するという特徴を持つ。したがって、図 4.28 に示されるように、検出された AE 信号の周波数解析を行い、波形の重心周波数を求めることによりラビング発生を評価できるとされている。

図 4.26 タービンブレードのハンマー衝撃入力による AE 波伝播試験

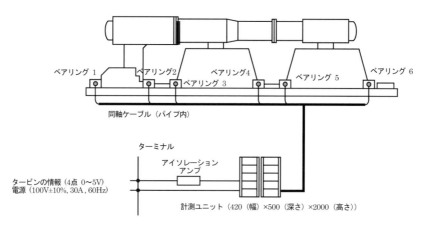

図 4.27 タービン上に設置された AE センサ位置

図 4.29 に、2005 年〜 2007 年にかけ、我が国の工場において世界で初めて実施された、発電用ガスタービンの、IoT による状態監視時のモニター画面の一例が示されている。この事例は、GE 社における IoT 適用の、基礎技術となったものである。

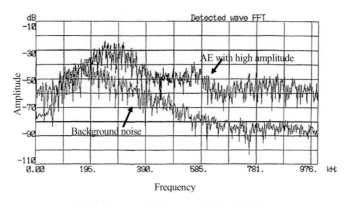

図 4.28　背景雑音、および有意な AE 信号の周波数スペクトラム

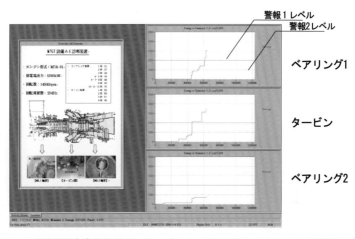

図 4.29　工場設置型自家発電用ガスタービンの、AE による IoT モニター画面の一例

4.6 風力発電施設の IoT

　風力発電は、温室効果ガスを発生しないことから、地球温暖化の進行を抑制するための有力な再生可能エネルギー源として、世界各国で導入が進んでいる。とりわけ、発電に適した風力資源に恵まれたヨーロッパ（EU）において、多くの施設が建設され、既に総発電量の数％以上（2015 年時点で約 7.2％）を担う段階に達している。

現時点で大部分の発電施設は陸上にあるが、デンマークやイギリスにおいては、遠浅の海岸が多くあり、洋上発電施設の建設に適しているため、その導入が強力に推進されている。風力発電設備は、ブレード（回転羽根）、回転機械部、発電機、蓄電・送電設備、タワーなど多くの部品・部材で構成され、非常に複雑なシステムである。こうした設備の運転状況は、設置場所の気象条件に強く影響され、適切な管理を行わないと発電効率の低下を招きかねず、発電が突然停止するなどの事故を起こす可能性がある。したがって、適切なメンテナンス、およびモニタリング計画の遂行が極めて重要である。

　ブレードは、軽量で高い強度が得られる複合材料（FRP）で製作されるが、製作時の問題や運転中の急激な環境変化などにより、予期しない損傷等が発生する場合があり、適切な非破壊検査の適用やモニタリングを欠かすことが出来ない。これまでに、様々な FRP 構造物の健全性評価に AE 試験が広く適用され、風力発電用ブレードの検査にも、重要な役割を果たしている。AE 試験は、定期検査時の健全性評価に適用する場合と、ブレード内に永久的に AE センサを取り付け、連続モニタリングを実施する2つの方法がある。図 4.30 に、定期検査時に AE 試験を実施する状況が示され

図 4.30　風力発電設備のブレードに対する AE 試験の実施状況

ている。ポータブル AE 計測装置を用い、ブレードの負荷状況の変化に伴って発生する AE 信号を検出して、損傷の有無を調査する。

　一方、風力発電設備の状態監視方法として、IoT が広く適用されている。設備の心臓部である回転機械装置を連続モニタリングするために、AE と加速度を同時に計測可能な、AE ／加速度センサが開発された。図 4.31 に、センサ形状と周波数特性が示されている。図 4.32 に、回転機械の状態監視を行うために設置するセンサの、取り付け位置が与えられている。センサは、ベアリング部、ギアボックス、発電機などに設置され、温度、圧力、風速、トルク負荷、応力などのデータとともにデータセットが形成され、センサ ハイウェーシステムに入力される。図 4.33 に、風力発電システムにおける IoT 適用状況が、模式的に示されている。発電設備で採取されたデータは、LAN を介して現場制御室に転送され、さらにインターネットを介して中央制御室に送られ、AI などによる解析が行われる。電力会社などユーザーは、解析・評価された結果をインターネット上の Web サイトで閲覧し、施設の状態を監視しながら、発電・送電の最適化を図ることが出来る。

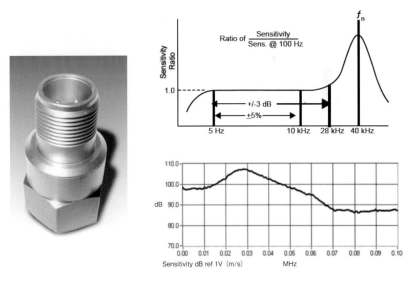

4.31　AE/ 加速度センサの形状と周波数特性

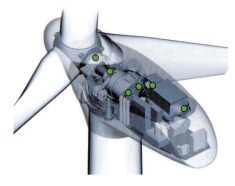

- AE/加速度センサ（6 箇所に設置）：
  - 1 – 低速用主ベアリング
  - 1 – 低速用ギアボックス
  - 1 – 中速用ギアボックス
  - 1 – 高速用ギアボックス
  - 1 – 発電機用ドライブカップリング
  - 1 – 発電機端
- タコメータ(1)
  - 1 – 低速用ギアボックス
- その他のパラメータ入力(最大 4 チャンネル)
  ユーザーが4個のパラメータデータを採取可能（温度、圧力、風速、トルク、負荷、応力など）
  必要に応じ、AE/加速度センサーを追加設置可能

● センサ取り付け位置

図 4.32　AE/ 加速度センサの設置位置

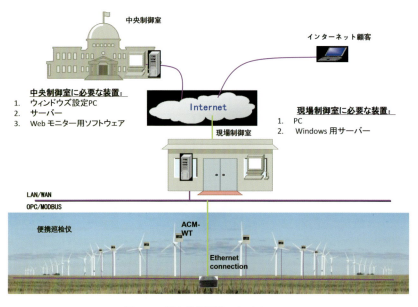

図 4.33　風力発電施設における IoT

4.7 海洋構造物の IoT

海底油田の石油掘削用構造物などの海洋構造物において、古くから腐食疲労き裂モニタリングのために、AE が用いられている。今日では、衛星通信を利用し、インターネットを介して AE 連続モニタリングが実施されている。

図 4.34　IoT を実施中の海洋構造物

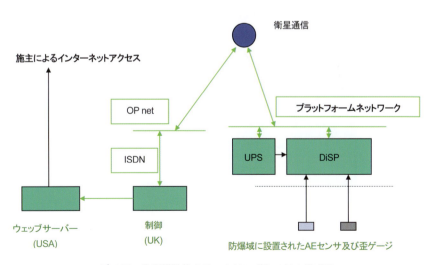

図 4.35　海洋構造物のモニタリングシステム模式図
（但し、図中の DiSP は、Digital Signal Processing の略記）

例えば、図 4.34 に示される構造物において、危険回避のために早期警報を発生する目的で、連続モニタリングを実施している。初期腐食疲労き裂発生が懸念される、8 箇所の潜在的問題部に、5 個の防爆型 AE センサで構成される 8 組の AE センサセットを配置し、同時に 4 本の支柱の 4 箇所で合計 16 個の歪ゲージからデータを検出し、AE データとの相関が確認される。

使用される AE 装置は、標準型システムを改良したもので、構造物のプラットフォーム ネットワークに接続し、さらにデータ記録・保存の安全性確保のために、衛星通信システムを利用して遠隔モニタリングを行っている。図 4.35 に、システムの模式図が示されている。

4.8 原子力発電所の IoT

図 4.36 に示す PWR 型原子力発電所において、AE 連続モニタリングが実施されている。これは、一次系熱交換器において SCC（応力腐食割れ）が発見され、適切な NDT（非破壊検査）が要求されたが、それには多くの作業人員と時間が必要とされるため、作業に関連して予想される多量の放射線被爆を防ぐ目的で行われている。実際、モニタリングにより、放射線汚染区域への作業員立ち入りの回数と時間が大幅に削減可能となったため、総被爆量を大きく減少させることができた。

図 4.37 に、このモニタリングの状況を示すブロック図が与えられている。端末装置として、汚染域に AE ボードを組み込んだノード PC が設置され、所内のネットワ

図 4.36　PWR 原子力発電所の AE 連続モニタリング

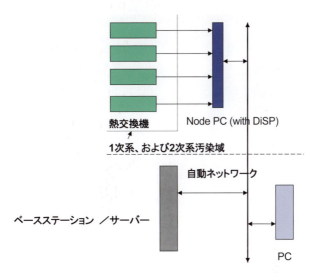

図 4.37　PWR 一次系熱交換器のモニタリング
（但し、図中の DiSP は、Digital Signal Processing の略記）

ークに接続して、イントラネットを通じて計測を行っている。最初のシステムが、2002 年に導入されたのち、2008 年にはさらに 4 基の格納容器に対して同様のモニタリングが開始され、この発電所の安全・状態監視の重要な手段として活用されている。

　この他にも、1 次系、および 2 次系配管やバルブのリーク検出・モニタリング、さらに配管システム全体におけるルースパーツの発生や位置を検知・確定するためのルースパーツモニタリングの手段として、世界各国の原子力発電所で、AE システムによる連続監視が実施されている。

4.9　宇宙構造物（ロケットモーターケース）の IoT

　アメリカにおいて、図 4.38 に示されるグラファイト／エポキシ製ロケットモーターケース（GEM）の、無線通信による AE 連続モニタリングが実施されている。これは、光ファイバーひずみゲージと併用して AE を測定し、製造から輸送、組み立て、打ち上げまでの異なる段階において、GEM のヘルスモニタリングを一貫して行うことを目指したものである。モニタリングは、インパクト損傷を検出し、その位置を特定し、また損傷の大きさを定量化するために行われる。さらに、様々な段階にある複

図 4.38　AE モニタリングを行う GEM
（グラファイト／エポキシ製ロケットモーターケース）

数の GEM に対して並列的に連続モニタリングを実施し、全てのデータを一括管理するデータベースを作成することにより、インターネットを通じて、任意の GEM の状態を、任意の場所で監視できるシステムを構築することが最終目的とされた。

　この計測を実施するために、新たに GEM Node と呼ばれる、移動通信型 AE システムが開発された。これは GEM 本体に常時設置された端末装置として機能し、8 チャンネルのディジタル AE 計測が可能である。インパクト損傷で発生した AE は GEM に取り付けられた AE センサで検出され、GEM Node で信号処理が行われた後、無線 LAN を通じて基本 AE データとして、近くのベース ステーションに転送される。ベース ステーションは、常に近在する複数の GEM Node と交信し、データ転送などの指令を出して既存情報を最新情報に更新する。さらにデータ解析後、必要に応じて警報を発生する。もし GEM Node がベース ステーションと交信不能な状態にある場合、GEM Node は自立型データロッガーとして動作するため、データは自動的に記録媒体に収録され、交信可能になった時点で記録データとしてステーションに転送される。全ての AE データは標準フォーマットにしたがってデータベース化され、ベース ステーションを統括するマスター ステーションの管理により、インターネットを通じて任意の場所で閲覧することができるシステムとなっている。こうしたデータの基本流れ図が、**図 4.39** に与えられている。

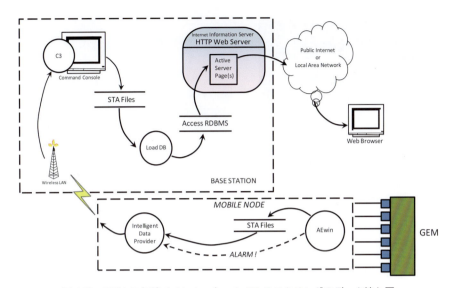

図 4.39　GEM の無線 / インターネット AE モニタリングのデータ流れ図
（図中略記の説明：STA Files（Stand Alone Files）、RDBMS（Readable Database of Master Station）、AEwin（AE データ採取、解析用ソフトウェアの名称）

　このシステムの開発は、インパクト損傷に起因するロケット打ち上げの失敗で被る損失と、全 GEM をモニターするのに必用なシステム一式の費用を算出し、システム設置の方が、費用的に比較優位にあることが確証されたため可能になった。こうした実績は、今後構造物のヘルスモニタリングを実施していく上で、貴重な参考資料になると考えられる。

4.10　無線 AE システム

　無線通信によりシステムを作動させ、データを転送可能な無線 AE システムは、AE センサ（端末部）とホスト PC 部の距離が大きい場合や、対象となる構造物が複雑な形状を持ち、ケーブル配線が困難な場合に AE 連続モニタリングを実施する際、必須の技術である。
　利用可能な無線方式には様々なものがあるが、データ転送速度、通信距離、法的規制などの諸条件を考慮し、AE モニタリングが適用される現場の状況に合わせ、最適

図 4.40　無線 AE センサノード、および USB ベースステーションで構成される無線／LAN AE 連続 モニタリングシステム

な方式が採用される。

　図 4.40 に、既に 10 数年来汎用されている方式の一つである無線 LAN を用いた、無線 AE センサノード／USB ベースステーションで構成される、無線 AE システムが示されている。ここで、ASL（平均信号レベル）/RMS（実効値電圧）センサノードでは、一定時間ごとに ASL/RMS データを採取しベースステーションに転送するが、その他の時間帯では消費電力節約のため、スリープモードに維持される。この装置は、採取される信号データが限定されるために、回転機器や漏洩検出専用モニタリング装置として用いられる。

　一方、低消費電力用パーツで構成される無線 AE センサノードは、バッテリー無交換で 3 ヶ月程度の連続作動が可能であり、通常用いられる全ての AE 特性パラメータとともに、波形信号を採取し、ベースステーションに転送できる。したがって、汎用システムと同等の能力を有する、遠隔モニタリングシステムとして利用される。こうした無線 AE システムの必要性は、AE 連続モニタリングの適用に際し今後ますます大きくなり、様々な分野で広く活用されるものと考えられる。

参考文献
（1）西本重人、湯山茂徳：AE 法の製品検査への応用、非破壊検査、Vol. 57（No. 10）、pp. 474-477、(2008)
（2）P. T. Cole, S. J. Vahaviolos, M. F. Carlos, A. Nunez, P. Feres and J. C. Lenain: On-line Asset Monitoring, Progress in AE XIV, Proc. of 19th Intern. AE Symp., December 9-12, 2008, Kyoto, Japan, pp. 439-444, (2008)

（3） T. Shiotani, S. Yuyama, M. Carlos and S. J. Vahaviolos: "Continuous Monitoring of Rock Failure by a Remote AE System," Acoustic Emission Group, Journal of Acoustic Emission, Vol. 18, pp. 248-257, (2000)
（4） 湯山茂徳：社会基盤構造物の AE 連続モニタリング、非破壊検査、Vo. 60 (No. 3)、pp. 165-171、(2011)
（5） S. Yuyama、K. Yokoyama, K. Niitani, M. Ohtsu and T. Uomoto: Detection and Evaluation of Failures in High-strength Tendon of Prestressed Concrete Bridges by Acoustic Emission, Construction and Building Materials, Vol. 21, pp. 491-500, (2007).
（6） 古江敏彦、前田守彦：AE による蒸気タービンの損傷評価手法の開発（第1報、および第2報）、第 13 回 AE 総合コンファレンス論文集、日本非破壊検査協会、pp. 87-94、(2001)

第5章

AIの適用事例
(データベースの構築と
評価・フィードバック)

5.1 スマート工場

図 5.1 に、スマート工場における機器構成の一例を示す。こうしたスマート工場には、数 100 台にも上る様々なロボットが設置され、それらを統一的に管理、運営する必要がある。各ロボットには、最低 2 個程度の（AE）センサが取り付けられ、最重要部となるアーム結節部にある回転部（ベアリング部）などを連続的にモニタリングする。この場合、使用するデータサンプリング周波数は、10^7 Hz 程度であることから、工場内の全ロボット数を 500 台と仮定するなら、1 秒あたりに全工場内で採取されるデータセット数は、$10^7 \times 2 \times 500 = 10^{10}$ にまで到達する。これだけのデータセット数を、工場内にある基本回線に入力・転送して管理し、データ解析を行うのは、事実上不可能に近い。したがって、センサで発生する信号は、センサ近くに設置されたAI 機能を持つ信号処理・AI ローカルプロセッサ（エッジ処理）に入力し、初期信号処理と AI 解析を行い、有線あるいは無線により主回線を通してサーバ／クラウドに入力するシステムとなっている。

図 5.2 に、IoT による「ものの管理」と、企業・工場の「経営・運営管理」を統合して一体化し、最大限効率を高めたスマート工場の概念図が示されている。IoT で取得した「ものの情報」を制御系ネットワークに取り込み、経営・運営層に関連する情報系ネットワークと結び付け、工場の運営・管理を企業経営の一部として全体統合す

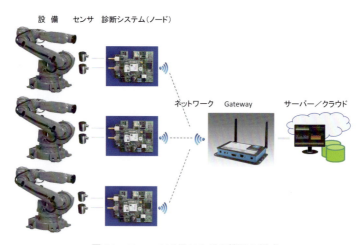

図 5.1 スマート工場における機器の構成

る状況が、模式的に与えられている。こうした工場では、工場自体がAI機能を持つ超大型ロボットとみなされ、企業全体の運営・管理を制御するAIと有機的に統合することで、企業経営の中で主要システムの一部を構成し、最高の効能が得られるように設計されている。

既に、IoTを活用して国内主工場の生産性を向上させ、さらに海外の製造拠点とつないで一体的に運用する試みが報告されている[1]。この工場にある自販機製造用ラインは、いわゆる一筆書きの構造となっている。ロール状に巻かれた自販機の「外箱」用板金の巻ぐせを矯正する装置から、組み立てた完成品の梱包装置まで、製品は自動で搬送されながら一つのライン上で完成品に仕立てられる。

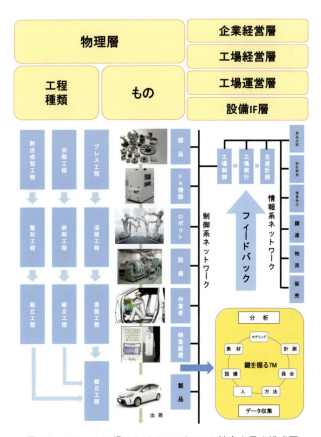

図5.2　スマート工場におけるIoTとAIの統合を示す模式図

ここでは、原価低減を目標に、製造の自動化やエネルギー管理をIoTにより実施している。具体的には、自販機の基幹部品の生産工程にカメラを数十台設置し、撮影した映像と生産の進捗データを組み合わせて分析することで、生産が滞る「ネック工程」とその特定に成功し、対策を講ずることにより、部品の生産時間を10％以上短縮したとされる。

　さらに、海外工場においても同様のIoTシステムを導入し、両工場で共有する大型モニターには、生産計画と実績台数を示した生産進捗状況のグラフや製品の不具合発生率などが刻々と映し出される。こうしたデータ管理を行うことにより、相互にリアルタイムで生産状況を把握できるシステムとなっている。生産工程・管理が共通の指標でデータ化されているため、互いに生産効率を比較し、改善に役立てることも期待できるとされる。

　このように、国内外の製造拠点をIoTでネットワーク化することにより、グローバルな生産最適化の道筋が見えつつある。各拠点の生産状況を一体的に把握することにより、AIを適用するなどして、為替リスクなどに対応して、各拠点で機動的に生産体制を切り替える運用も可能になると考えられる。IoTで得たデータを用いAI化を図ることで、企業全体のコスト競争力を高め、グローバル市場における競争力強化の試みが広く行われようとしている。

5.2　MONPAC解析・評価

5.2.1　背景

　現在稼動中の大部分の石油・石化プラントは高度成長時代に建設され、すでに稼動開始後40年を越えたものも多い。人口の超高齢化の進行とともに、安定型経済成長が生み出す成熟型社会への移行が進むにつれ、これら産業基盤となる構造物の効率的な維持・管理技術確立の必要性が高まりつつある。

　AE法は、工業技術の一つとして利用され始めてから40年以上の歴史を持ち、現在多くの分野で実用化されている。欧米では、多数のプラント所有者からなるAEユーザーズグループが結成され、定期的に情報交換のための会議を開催し、新たな計測法の開発や、信頼性の高いデータベースの構築に努力を重ねている。

　こうして作成されたデータベースの一つとして、各種プラントの圧力容器、反応塔、球型タンク、配管等の試験方法およびデータ評価・判定法を規定した「MONPAC」

がある[(2)]。これは、ASME 規格（Section V、Article 12）制定の際に基礎となった技法で、様々な金属製構造物や FRP 製構造物に対して数万回以上の AE 試験を実施した経験を元にデータベースを作成し、使用する AE センサの種類、センサ配置、構造物の負荷方法、採取されるデータの管理方法などの試験手順を標準化し、さらにデータ解析方法や、評価方法、試験結果の提示法が示されている。1980 年代半ばより、MONPAC を用いて採取された AE データには、いわゆるビッグデータ解析が適用され、特徴抽出が行われてきた。その基本データセットに対して、クラスター解析、相関解析、分布解析などの統計処理がリアルタイムで実施される。データ解析結果の最終表示において AI が適用され、試験で確認された危険部位がクラスターとして強調して示され、また危険度の大きさに対応して色分け表示がなされ、危険の度合いに応じて警報が発生される。

　このデータベースを基本に、国内外の石油・石化プラントで実構造物の健全性評価法として AE 法が用いられ、維持・管理経費節約の手段として適用されている。我国において欧米諸国と同様に、2000 年代初頭より、構造物の維持管理方法が、仕様規定から性能規定へと移行されている。そのための有力な検査技術の一つとして、構造物のグローバル診断に適した AE 法の有効性が認識されるようになり、スマートコンビナートの実用化には、なくてはない技術として、各種実構造物で適用されている。

5.2.2　適用実例
(1) ステンレス製円筒容器の加圧試験

　MONPAC データベース・評価判定法を適用したものとして、直径 4 m、高さ 3.8m のステンレス製容器に対して、操業一時停止時に窒素ガスを用いた加圧により AE 試験を実施した例がある[(2)]。図 5.3 の TEST 1 に示されるように、加圧時に容器下部鏡板近くにグレード E（最も劣化の進んだ状態と判定）の AE 源が検出され、後に行われた浸透探傷（PT）試験により、保温材下に外面より生じた貫通 SCC クラックの存在することが確認された。その部分は、直ちに一時補修がなされ、後に実施された操業停止時に本格的な補修が行われた。その後容器は酸洗いされ、再び保温材が取り付けられた。2 年後に再度 AE 試験を行うと図 5.3 の TEST 2 に示されるごとく前回とは異なる部位にグレード D（E より劣化度は 1 ランク下）の AE 源が検出された。引き続き行われた別の NDT により、これは容器下部の溶接熱影響部に生じた、内面ナイフライン腐食によるものであることが確認された。

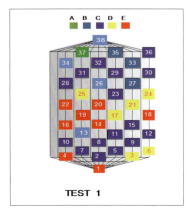 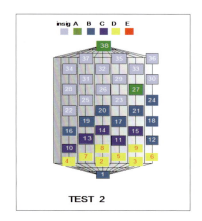

図 5.3 AE 試験でステンレス製円筒容器に発見された SCC クラック（TEST 1 において赤色で示されるグレード E)）とナイフライン腐食（TEST 2 において黄色で示されるグレード D)

(2) 球形ホルダーの加圧試験

　欧米において、**図 5.4** に示されるような球形ホルダーの健全性を、供用中に評価する試験法として、AE 試験が汎用されている。ホルダーの球面上に**図 5.5** に示されるように、均等に AE センサを配置し、ホルダーが直近の半年あるいは一年間の操業中に経験した最大圧力より 5% 程度大きい負荷を与え、その時の AE 活動度を調査する。もし問題となる部分があれば、**図 5.5** 中に見られるように、AE 集中発生源（クラスター）として観察され、そのデータは既存のデータベースに参照され、自動的にグレード分けされる。こうした場合、追認試験として超音波探傷（UT）や浸透探傷（PT）試験など他の非破壊試験が適用され、詳細な評価が行われる。もし AE 試験結果に問題がなければ、ホルダーは開放されることなく操業が続けられる。

　イギリスにおいては、AE 試験を適用することにより、30 年以上開放検査を行わず、全く問題なく連続操業を継続している例が報告されている。

(3) ステンレス製反応容器

　連結した 5 基のステンレス製反応容器に対して、毎年継続的に AE 試験が行われている。撹拌器による雑音を除去するため必要となる一時的操業中断時（約 2 時間）に合計 64 個の AE センサを取り付け、窒素ガスを注入し通常運転時の 110% まで加圧

図 5.4　AE 試験の対象となる球形ホルダー

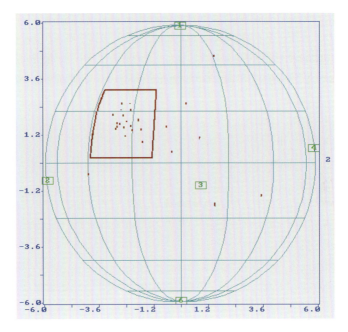

図 5.5　球形ホルダーの AE 試験時に観察された AE 集中発生源（クラスター）

してAEを計測する。

この試験で2基の容器の鏡板部に、MONPAC判定グレードE（最も危険度の高いランク）のAE源が発見された。これはSCCクラックによるものと推定されたため、直ちに補修用の器材が発注された。後に行われた操業停止時の検査により、厚さ方向80％にいたる内面SCCクラックが発見された。

AE試験によりSCCクラックの存在が推定され、予め必要な器材を調達することができたため、操業停止期間を大幅に短縮することが可能となり、このことにより、約2億円程度の経費を削減することができたとされる。

(4) 横置エチレン貯曹

これらの貯曹は保冷材でおおわれているため、AEセンサを取り付けるためには、直径20〜30cm程度の穴を保冷材にあける必要がある。加圧は、冷却コンプレッサーを一時的に停止し、内部温度を上昇させることで、所定のレベルまで行う。この試験では、Aグレード（全く問題なしと判定）以上のAE源は検出されなかった。したがって、貯曹は継続して操業を続けた。後に一基の貯曹において、縦方向及び円周方向の50％溶接長さに対して外面からUT検査が行われたが、問題となる欠陥は発見されなかった。

(5) プロセスユニット

対象となるプロセスユニットの大部分はオーステナイトステンレス鋼で構成され、SCCの問題が頻繁に生じたため、AE試験が実施されることとなった。ユニット全体は、多数の容器とパイプ部分からなる。試験時期として、予め計画されたオーバーホールの直前に窒素ガスを用いて加圧を行い、その時にAEを計測することが最適と判断された。

ユニット全体を4つの部分に分け、それぞれを別々に加圧し、全体の試験は操業停止中の4日間で終了した。グレードの高い（危険度の大きい）AE源には、引き続き他の非破壊試験を行った。もしAE試験のように、ユニット全体を迅速に短期間で検査可能な健全性診断法が用いられなかったとしたら、操業停止期間は数カ月にわたったと考えられる。

多くの内面SCCクラックは、他の非破壊検査法では検出不可能であり、AE試験を行うことによってのみ発見可能であった。

(6) 貯蔵タンク側板

保温（冷）材でおおわれ、UT試験を実施しにくいタンク側板に対して、内部の液面上昇時にAE計測を行い、健全性を診断することが行われる。こうしたAE試験により、SCCクラックや腐食損傷部を効率的に発見できる。大型低温タンク（たとえばアンモニアなど）の場合、AEセンサが半永久的に取り付けられ、必要に応じて、繰り返し試験が行われる場合がある。AE計測は過去12ヶ月間に経験した最高液面高さを基準に置き、その90%高さから105%高さまで液面を上昇させて行う。

図5.6は、低温N-ブタンタンクに対して実施されたAE試験結果である。試験は4日間で終了し、顕著なAE信号（グレードD、あるいはE）は検出されなかった。したがって、停止することなく、さらに3年間操業が継続され、100万ドル以上の費用を節減できたと報告されている。

(7) 高圧配管

高圧で使用される配管の水圧試験時（運転圧力の1.5倍まで加圧）に、AE評価が適用された。検査対象となる長さ200mの配管部に対して、およそ15m間隔でAEセンサを設置し、直線位置標定を実施した。

図5.7に試験結果が示されている。下の図に見られるように、配管長手方向に対して、AE発生が著しく集中している部分がある。この部分には、上の図に示されるようにグレードEと判定されるAE集中発生源（クラスター）が検出された。後に行われた他のNDTを用いた追認試験により、枝管部に板厚の60%にいたるエロージョン

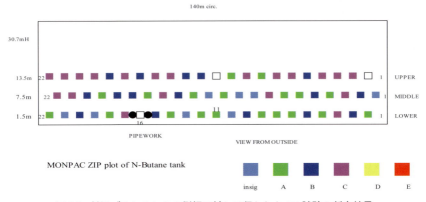

図5.6 低温ブタンタンクの側板に対して行われたAE試験の判定結果

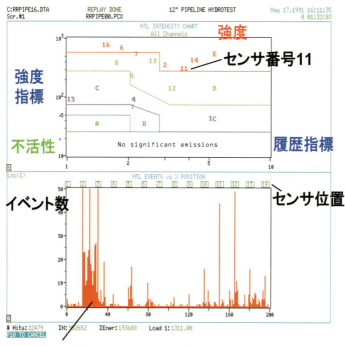

図 5.7 高圧配管（長さ 200m）の AE 試験で得られた直線位置標定結果（下図）と MONPAC データベースによる判定結果（上図）

に起因する減肉の存在することが確認された。また、グレード D と判定された部分には、保冷材下に腐食の存在することが確認され、その部分には板厚の 40％にいたる減肉が存在した。

5.3 TANKPAC 解析・評価

5.3.1 はじめに

欧米で 1980 年代末より構築されたデータベースの一つとして、円筒型貯蔵タンク底板の腐食損傷診断を行うために開発された「TANKPAC」がある[3]。このデータベ

ースを基に、世界各国において、石油・石油化学プラントで実構造物の損傷診断法として AE 法が用いられ、維持・管理経費節約の手段として、極めて有効であることが示されている。

本節では、世界における AE 試験適用の現状[4]について報告するとともに、AE 試験の有効性と適用性を検討するために、我国で行われた小型製品タンク、大型原油タンクの試験結果、および AE 波伝播の特徴などに関する基礎試験の結果についてまとめてある。

5.3.2 タンク底板の AE 試験
(1) 歴史的経緯

タンク底板の状態評価に AE 試験を適用しようとする試みは、欧米各国で 1980 年代末頃より頻繁に行われてきた。こうした中で、今日確立されている試験法、評価法が発達したのは、主としてイギリス／オランダを中心とするグループにおいてである。1989 年、イギリスの Physical Acoustics Ltd.（PAL）社は、メジャー系石油会社の要請により、タンク底板の状態を評価する手法として、AE 試験の適用を試みた。これにより、適切な AE センサ／計測法を用いれば、底板で発生する微弱な AE 信号を検出できること、また採取された AE データは、底板の腐食損傷状態と強い相関を持つことが明らかになった。この知見の公表は大きな反響を呼び、1990 年代半ばまでには、石油メジャー各社、また大手化学会社の数十社からなる AE ユーザーズグループが結成され、試験結果のデータベース化が精力的に行われた。1998 年には、シェル社、ダウケミカル社などが行った 157 の試験事例からなるデータベースを基に、タンク開放前に実施された AE 試験結果と、開放後の磁束漏洩試験（MFL）による底板全面検査結果の照合が行われ、両者には非常に良好な相関のあることが確認された。この結果をもとに、AE ユーザーズグループにおいて AE 試験の信頼性は検証されたものと考えられ、以後試験実施数は世界各国で急速に増加することになった。

(2) 世界の適用状況

2000-2001 年度に実施された AE 試験数はイギリス／オランダで 250 件、フランス 230 件、ドイツ 60～80 件、アメリカ 200 件、ブラジル 150 件、その他 100 件程度と報告されている。このうちアメリカでは、環境規制の厳しい州において、主として重大なリーク発生事故を未然に防ぐ目的で実施されている。このように、現時点におい

て、世界各国で年間1000〜2000件程度の試験が行われている。

　一方、我国では、石油公団（現在は独立行政法人 石油天然ガス・金属鉱物資源機構）／日本高圧力技術協会（HPI）[5]、新エネルギー・産業技術総合開発機構（NEDO）[6]、消防研究所を中心とする研究グループ[7]など、3つの研究グループ／機関により、直径10m程度の小型製品タンクから、直径80mを越える大型原油タンクまで100基余りのタンクに対して基礎データを収集するためのAE試験が実施された。これまでに、我国の法体系に合わせた独自のデータベース化が行われ、AE計測法、データ評価法などに関して詳細な検討が行われている。

(3) 規格化の動向

　AE試験の適用事例が増加するにつれ、規格化の動きが各国で広まった。フランス石油工業連盟は、2000年の8月、タンクメンテナンスに関する指針・規格[8]を公布したが、その中で、タンク底板の活性腐食およびリーク検出法としてAE試験を推奨している。

　またオランダ、ベルギーにおいては、タンク底板の状態評価試験法としてAE試験の適用が地方政府により正式に認可され、メンテナンス業務を実施するための検査方法の一つとして使用することが可能になった。こうした情勢を踏まえ、ISO規格として取り入れるなどの動きも報告されている。

　一方、この試験方法発祥の地であるイギリスにおいては、基本的なメンテナンスはすべて自主保安を前提として行われるため、試験方法に関する規格等は現在のところ存在せず、タンク所有者ならびに管理者の自主判断により試験が実施されている。

　我国においては、およそ100基に余るAE試験結果によるデータベースを基に、AE計測方法、AEデータ採取方法、データ解析方法などに関して、HPIにより「AE法による石油タンク底部の腐食損傷評価手法に関する技術指針」が制定された[9]。

(4) AE試験の実施

(a) 試験原理

　AE試験は、30kHz共振型プリアンプ内蔵AEセンサを、底板から0.8〜1.5mの高さの側板上に3の倍数となる数だけ、円周方向に対して等間隔に配置して行う。直径10mのタンクで3個、50mで15個、また80m程度のタンクで21個のセンサを取り付ける。これまでに、最大で直径110mの原油タンクに対して試験が実施されている。

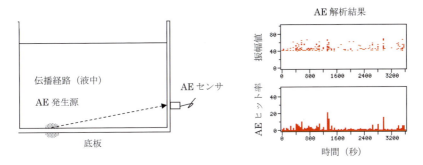

図 5.8　AE 試験模式図と AE 解析結果の例解

計測は、外部雑音が入らないように、対象となるタンクに接続するパイプのバルブを閉じ、外部から完全に遮断してから十分な時間静置後、雨、風など環境雑音が入らない条件下で 1 時間を目安に実施する。図 5.8 に、AE 試験の原理が模式的に示されている。解析する AE 信号処理パラメータは、ヒット数（信号検出数）、振幅値、相対エネルギーなどであり、場合によっては、AE 発生源の大まかな位置の情報を得るために位置標定機能を用いる。検出される AE 信号の発生源は、底板内面、あるいは裏面の腐食で生じた生成物のはく離、あるいは割れと考えられている。

(b) 欧州の適用例

図 5.9 は、直径 67m の原油タンクへの適用例である。検出された AE イベント（位置標定が可能な AE 信号セット）のエネルギーが、Z 軸方向に表示されており、アニュラー部に大きな AE 活動度が観察され、この部分の腐食損傷の大きいことが予想される。タンク開放後の MFL（磁束漏洩）試験により、アニュラー部に著しい減肉の存在することが示された。底板には GFRP コーティングが施してあり、付着状態は比較的良好であることから、腐食は裏面で生じていると考えられた。開放検査時にこの部分を切り出し、実際に検査すると、裏面部に板厚の 67％ にいたる減肉が生じ、激しい裏面腐食の存在することが確認された。

図 5.10 に、ディーゼル油タンクの中央付近に存在するピンホール（直径 1 mm）からのリークで検出された AE データが示されている。このタンクの底板内面は、エポキシ樹脂でコーティングが施されていたが、その一部が破損し、そこから激しい局部腐食が発生してピンホールを生じ、リーク発生に至った。このように、AE 法でピン

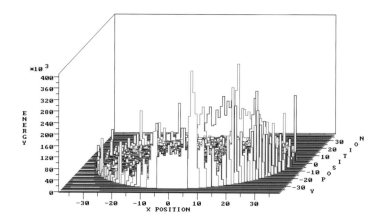

図 5.9　直径 67m の原油タンクへの適用例（アニュラー部に AE 発生が集中しているが、この部分の裏面に板厚の 67%にいたる減肉が確認された。）

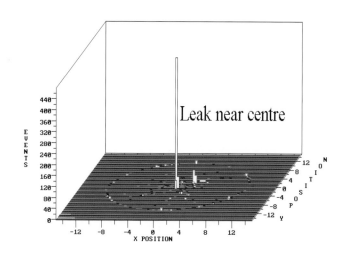

図 5.10　ディーゼル油タンク中央付近のピンホール（直径 1mm）からのリークで検出された AE データ

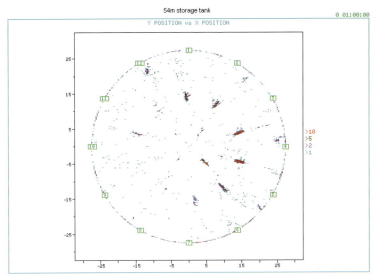

図 5.11 亜鉛犠牲電極設置位置付近で検出された AE 集中発生源（円中心を取り囲むように設置された電極位置に対応して、AE 信号が集中的に発生しているのが観察される。）

ホールからのリーク音を容易に検出し、またそのおよその位置を同定することが可能である。

図 5.11 は、底板に亜鉛犠牲電極を取り付けた、直径 54m の製品タンクで検出された AE 信号の位置標定結果である。円板で示される底板において、同心円状に配置された電極の位置から集中的に AE 信号の発生しているのが観察される。実際の AE 試験において AE 発生源は、底板に付着した厚い腐食生成物の割れ、あるいははく離であるとされる。既往の研究成果[10]によれば、腐食過程でアノード溶解により検出可能な AE 信号は発生しないが、カソード反応で生ずる水素気泡は、検出可能な AE 信号を発生させることが報告されている。この事例で AE 発生源について述べられていないが、亜鉛電極位置に AE 信号が集中的に発生していることから、腐食に関連したものであると理解される。したがって、底板で生ずる腐食に起因する AE 信号を側板上に設置した AE センサで検出し、その位置を同定できることが示された。

(c) 判定基準

これまで欧州で実施された 10,000 基を越す試験例で構築されたデータベースを基

に、AEユーザーズグループにより、試験実施、およびデータ評価・判定手順が定められている。これに従い、採取されたAEデータに対して下記に示されるA、B、C、D、Eのグレード分けが行われる。

A：腐食損傷は存在しないと考えられる。
B：80％程度の確率で腐食損傷は存在しない。
C：60％以上の確率で腐食損傷が存在しうる。
D：85％程度の確率で軽微なものを含め腐食損傷が存在しうる。
E：90％程度の確率で腐食損傷が存在しうる。またこの時、60％以上の確率で大規模な補修あるいは底板の一部交換などを必要とする重大な損傷が存在しうる。

図5.12に、AE試験で得たグレード分けの結果と、157基のタンク開放後に検証された損傷度との対応が示されている[3]。図中、青灰色で示される棒グラフ（FU1/2）は、開放時に全く補修を必要としなかった事例を、赤灰塗りのグラフ（FU3）は軽微な補修を必要とした事例を、また黄色のグラフ（FU4）は、大規模な補修、あるいは底板の一部交換など重大な損傷の存在した事例に対応している。ここで、グレードAと

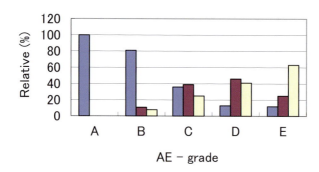

図5.12 AE試験結果のグレード分けとタンク解放後に検証された損傷度との対応（AEユーザーズグループが行った、全部で157の事例をまとめてある。ここで、FU1/2は、損傷がほとんどなく、補修は全く必要としなかった事例に、FU3は軽微な損傷が確認され、何らかの補修が行われた事例に、そしてFU4は、顕著な損傷があり部分的な板交換など相当程度の補修を必要とした事例に対応している。）

表 5.1 通常の AE データ（Overall Grade）及び PLD（Potential Leak Data）の組み合わせに基づく損傷グレードの判定基準（表中にある n/a（= not applicable）は、これまで得られたデータベースにおいて、この組み合わせは存在しないことを示す。）

"Overall" Grade		A	B	C	D	E	
"PLD" Grade		I	I	II	(n/a)	(n/a)	(n/a) =doesn't occur
	A	I	I	II	(n/a)	(n/a)	I > 〜 4years
	B	I	I	II	II	(n/a)	II > 〜 2years
	C	II	II	III	III	III	III+IV>schedule inspection
	D	II	III	III	IV	IV	（1 year or 6 months）
	E	III	III	IV	IV	IV	

判定された場合には補修の必要な事例は全く認められず、またグレード B においても、その 80% 程度は補修を必要としなかった。一方、グレードが C、D、E と変化するにつれ、補修の必要比率は高まり、グレード E においては、90% 程度が補修を必要としていた。したがって、AE 試験によるグレード分けは、底板の損傷状態とよく相関し、実用的評価を実施する際に有効な情報を与えることが理解される。

　実際の判定には、上記に示される通常の AE 解析データ（Overall）によるグレードと、信号継続時間が長く大きなエネルギーを持つ AE 信号（Potential Leak Data（PLD）と定義）の評価で得たグレードが、組み合わせて用いられる。表 5.1 に、その判定基準が示されている。ここで I と判定された場合、タンクは開放することなくそのまま操業を継続し、4 年後に再度 AE 試験の実施を推奨している。また II と判定された場合、操業を継続し、2 年後に再度 AE 試験の実施を推奨している。一方、III あるいは IV と判定された場合、開放検査を遅くとも半年あるいは 1 年以内に行うべき事を推奨している。欧米のメジャー系石油会社では、この判定基準に従ってメンテナンスを実施することが一般化され、開放検査期間を大幅に延長することが可能となった。これにより、維持・管理費を従来に比べ 90% 程度節約できるようになったと言われている。

(5) 我国における適用実例

　我国においては、国家石油備蓄タンク、1000kl 未満の製品タンク、また AE 波伝播などの基礎試験として、水タンクなどに対して AE 試験を行っている[5]。本項では、このうち小型ガソリンタンク、国家備蓄原油タンク、そして水タンクにおける基礎試

験で得た結果について紹介する。

(a) 小型ガソリンタンク

対象となったタンクは、1956年に建設された固定式屋根を持つ、直径12m、容量943klのタンクである。底板は更新されたことがあるものの、その時期については不明である。

3個のAEセンサ（30kHz共振型）を、底板から0.8mの位置に、円周角が120°となるように取り付けた。このタンクは、固定屋根構造のため、凝結した液滴が液面に落下して外部雑音となるので、ガードセンサとして第2列のセンサを主センサの上方1.5m、すなわち底板から2.3mの位置に取り付け、雑音と有効信号を識別した。

図5.13は、約1時間の連続計測で得たAE信号の解析結果である。左図の横軸は計測開始からの経過時間で、縦軸に最大振幅値（上）、およびヒット計数率（下）、すなわちAE活動度の履歴が与えられている。また同時に、液滴落下による雑音を除去したデータに対して行った位置標定結果が右側に示されている。底板中央付近にAEイベントの集中が見られるが、これはタンク中央部にある支柱位置に対応している。ここで、リーク発生時のように連続的なAE発生は見られないことから、支柱に起因する機械的雑音で発生したものと考えられる。この部分以外にAE発生集中部はなく、全体としてAE活動度は小さい。このデータに、欧州で開発されたデータベースに基づく評価基準を適用すると、グレードB（底板に若干腐食の可能性があるものの補修の必要はない程度の損傷で、早急に開放検査をする必要なし）と判定された。

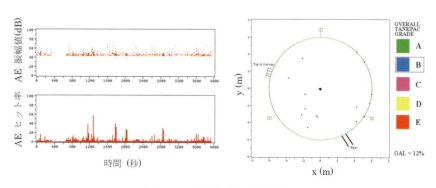

図5.13 AE試験データ解析結果

(b) 国家備蓄原油タンク

AE 試験を行ったタンクは、直径 81.5m、容量 100,000kl、浮屋根構造の国家備蓄原油タンクである。AE センサはスラッジ高さ（最大で 0.77m 程度）より十分高い、底板から 1.2m の位置に、合計 21 個を等間隔に設置した。図 5.14 に、1 時間の計測で得た AE データの解析結果（位置標定）が示されている。全体として AE 活動度は小さく、欧米の評価基準で、A（腐食は発生しておらず、当面開放検査の必要なし）と判定された。

(c) AE 波の伝播試験

タンクの AE 試験で、データ評価を行う際、その精度、さらに信頼性を確認するうえで、波動伝播特性を明らかにすることが重要である。すなわち、検出した AE 信号が、底板そして側板を伝播した波動なのか、あるいは液中を伝播した波動なのか、その特性を把握する必要がある。

図 5.15 は、この目的で行った基礎試験を模式的に示したものである[4]。直径約 5.8m の水タンクを用い、電気パルス信号をパルサー（AE 波発生器）に入力して AE 擬似信号を発生させ、それを距離の異なる位置に取り付けた AE センサ（実際の AE 計測に用いたセンサをそのまま利用）で検出して波形を記録し、伝播特性を調査した。

擬似信号の入力には、R3（30kHz 共振型）AE センサをパルサーとして用いた。こ

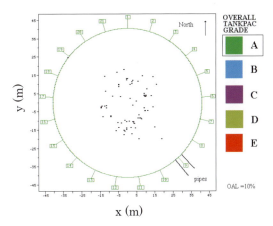

図 5.14　国家備蓄原油タンクにおける AE 源位置標定結果

のパルサーを図に示すように、発振面が上向きで AE 波が直接水中に放射されるため、伝播経路は水中に限定される場合と、発振面が下向きで、AE 波は鋼板上で起振されることにより鋼板とともに水中を伝播する場合の、2種について試験を行った

 図 5.16 は、パルサーが下向きの時に得た波形で、この場合には、パルサーで起振された波動は、鋼板（底板－側板）、そして水中の二つの経路を伝播する。すなわち、図中に第 1 波（鋼板を伝播した波動）、及び第 2 波（水中を伝播した波動）の到着が明瞭に示されている。鋼板を伝播する波動は板波と呼ばれ、板厚と波動の周波数との関係で定まる条件により、音速の異なる複数のモードが存在する。ここで鋼板の板厚は 6 mm、また使用したパルサーの共振周波数は 30kHz であることから、これに対応する板波 A_0 波の速度は、約 2,500m/s と求められる。一方、この実験で得た第一波の音速は約 2,750m/s であり、理論的に求められる A_0 波の速度に比べ、およそ 10 ％程度大きな値であった。これは、波動の伝播経路に、底板と側板の接合部に加え複数の溶接線が含まれ、必ずしも理想的な鋼板の条件を満たしていないことが一因とも考えられる。また、第 2 波の音速は約 1,500m/s であり、水中を伝わる縦波の速度に一致していた。したがって、第 1 波はおそらく A_0 波に、また第 2 波は水中を伝播する縦波の到着に対応していると見なして差し支えないと考えられる。

 この実験において、第 1 波と第 2 波の振幅値の比は 0.08～0.17 である。このように、検出される水中波の振幅値は、板波の場合に比べ、20dB（10 倍）程度大きい。したがって、本実験条件において底板で発生した擬似 AE 波は、板波に比べ水中を伝播する縦波の方が検出しやすく、それゆえ底板で腐食に起因する AE 波（実験的に、～30kHz 付近に主要周波数成分を有するとの報告がなされている[4]。）が発生した場合であっても、水中を伝播した波動を検出できる可能性が、鋼板を伝播する波動に比べ大きいと考えられる。

 パルサーの設置された位置（真値）と、波形データから得た AE センサへの信号到着時間差より計算された AE 発生源位置との比較評価によれば、上向きパルサーの場合、真値と計算値の誤差はセンサ間距離の 1 ％以下であった。一方、下向きパルサーで検出された波形セットで、第 2 波（水中を伝播した縦波）の到着時間差をもとに計算した結果によれば、誤差は、2～5.3％程度で、上向きパルサーで得た結果に比べ、やや大きくなっていた。しかし、通常行われる平面位置標定の精度（誤差は最小でもセンサ間距離の数％以上）に比べるとかなりよい精度を与えていた。

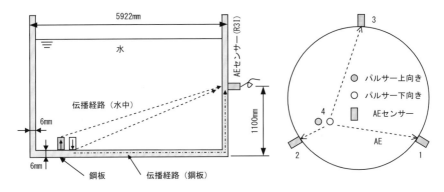

図 5.15　AE 波伝播特性評価試験の模式図

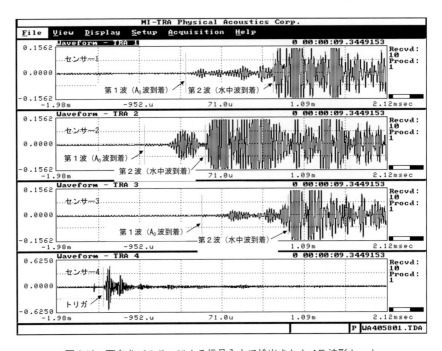

図 5.16　下向きパルサーによる信号入力で検出された AE 波形セット

第 5 章　AI の適用事例（データベースの構築と評価・フィードバック）　　181

(6) 検討

(a) AE 発生源

既往の研究成果[10]によれば、腐食、応力腐食割れ（SCC）、腐食疲労（CF）などの腐食損傷過程で考慮すべき主な AE 発生源は、図 5.17 に模式的に示されるように、①クラック先端の塑性領域内で生ずる変形、変態、介在物の割れ、②クラック進展によるへき開などの微視割れ、③厚い酸化皮膜の破壊やはく離、④カソード反応による水素ガス発生、などであるとしている。このうち、タンク底板の腐食損傷診断で検出される AE 信号の発生源は、腐食反応で形成された厚い酸化物（腐食生成物）の破壊やはく離であるとされる。

(b) AE 計測時における環境雑音の影響

タンク底板の AE 計測時に問題となる環境雑音としては、貯蔵物の受け払いの影響による雑音、降雨による雑音、風に起因する雑音などがある。欧米で開発された試験手順によれば、良好な計測を行うのに必要な受け払い終了後の静置時間は、直径 10m 程度の製品タンクで 6 時間、直径 30m を越える原油タンクで 24 時間以上としている。さらに、降雨時には、極めて多くの AE 信号が検出されるため、正確な AE 計測は不可能である。また、風速計と連動した AE 計測により、風速が 2 m ～ 2.5m/秒を越え

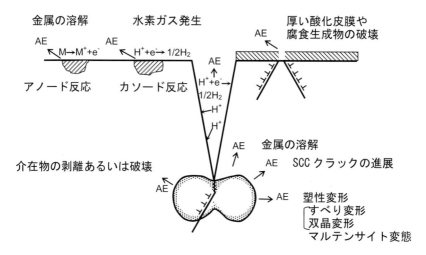

図 5.17　腐食、SCC、および CF 過程における AE 発生源

ると、タンクで発生する機械的雑音により通常の AE 計測が困難になることが報告されている。したがって、AE 計測を精度良く行うには、こうした環境雑音の混入をできる限り防ぎ、有意な信号を効率的に検出する必要がある。

5.3.3　おわりに

現在我国では、存在するリスクを適切に評価し、装置の安全性、信頼性を高め、さらに経済効率を追求しながら検査の最適化を図るための手法として、RBI（Risk Based Inspection）が注目を浴び、自主保安を実行するための手段として、様々な分野で適用されている。

欧米では前述のデータベースを基に、AE 試験でグレード A と判定されたタンクは補修を必要とせず、開放検査を行う必要がないと判断されるため、RBI の第 1 段階として、開放検査が不要なタンクのスクリーニングに適用し、検査数を限定することにより、メンテナンス費用の大幅な削減を可能にしている。

一方、我国では事情が異なり、法制度やその影響を受けるメンテナンスに対する考え方が欧米とは異なることから、RBI／自主保安の手段として欧米で構築されたデータベースをそのまま適用するには無理があるとの指摘がなされている。しかしながら、世界的規模の大競争時代を迎え、各分野において規制緩和・撤廃の動きは急である。さらに経済の低成長下のもと、維持・管理費削減の要求はますます強まるものと考えられる。こうした中で適切な判断を下し、不要な経費を削減すると同時に安全性を高めるために、タンク底板の腐食損傷診断に対して、合理的に AE 試験を活用することが大いに期待されている。

5.4 地下貯蔵タンクの腐食損傷評価

5.4.1　はじめに

前節で示したように、地上置円筒型石油タンク（以下、地上タンクという）では、AE 試験により底板の腐食損傷評価を行うことが、世界各国で一般化している。給油所などで使用される地下タンクにおいても、同様の概念に基づき、グローバル診断技術として AE 試験を実施することにより、タンクの外面あるいは内面の腐食損傷状態を供用中に評価・判断し、腐食管理の優先度を選択できる[11]ことが本節で示される。

5.4.2 試験原理

地下タンクの腐食損傷評価を行う際、検出されるAE信号の発生源は、地下タンク鋼製殻の内面あるいは外面の腐食で生じた生成物のはく離、もしくは割れであると考えられる。すなわち、活性な腐食により新たな腐食生成物が生ずる際に大きな体積膨張を伴うため、既存の腐食生成物がはく離したり割れたりするという、瞬時に起こる物理的な微小変化に起因してAE波が発生する。地下タンクにおけるAE波の伝播経路は、図5.18に示すように以下の2種が存在する。

・AE発生源→タンク殻→AEセンサで検出
・AE発生源→液中→タンク殻→AEセンサで検出

地上タンク底板の腐食損傷評価に対して、AE法が広く用いられている。仮に地上の基礎部に接した底板のみを取り出し、それを円筒状に巻いた場合を考えると、これは地下タンクのおかれた状況と非常に類似したものである。したがって、地上タンクにおけるAE試験適用の経験は、地下タンクにおいても有用かつ有効なものであると考えられる。

5.4.3 AE波の計測手順

図5.18に示すAE波は、タンク殻上にあるマンホール蓋上に取り付けたAEセンサで検出される。AE信号は極めて微弱なため、外部雑音が入らないような条件下で、1時間を目安に計測を実施する。

AE試験は図5.19に示すように、2個の30kHz共振防爆型AEセンサを、地下タンクの計測用ノズル蓋上の互いに長手方向180°の位置関係にある両端に設置し、環境

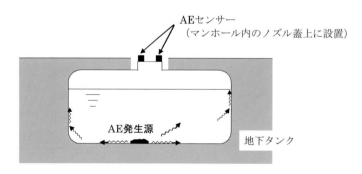

図5.18　地下タンクのAE波発生伝播

雑音の無い条件下で1時間の計測を実施する。腐食評価に用いるAEパラメータとなるAE活動度は、各タンクの表面積を計算し、10m^{2}当たりに検出されるヒット数として規格化する。

使用するAEセンサは、30kHz付近の周波数帯域に共振周波数を持ち、背景となる電気雑音が小さく、「危険物の規制に関する政令第13条第1項第12号」に対応した防爆仕様を満足するもので、標準AE発生源であるシャープペンシル芯の圧折などによる疑似AE信号を用いて感度を確認する。

ノズルとノズル蓋の間にはガスケットが存在するが、ガスケットを介して疑似信号を入力することにより、AE波の伝播にガスケットはほとんど影響しないことが確認された。

AE計測に際しては、地下タンク内容物の対流などに起因する雑音を除去するために、一定時間（およそ2時間）タンクを静置させ、また雨、風などによる環境雑音や、接続した配管の振動などに起因する外部雑音の混入しない環境下で実施する。

計測に用いるAE信号処理パラメータは、カウント、エネルギー、ヒット数、信号の最大振幅値（振幅分布）、立上り時間、継続時間などである。

また、背景雑音を除去し、本来目的とする有意な信号を計測するために、計測しきい値として40dBを設定する。但し、しきい値を超えて検出されたAE信号で構成されるデータであっても、有意な信号と雑音が含まれる。雑音は、信号履歴解析、振幅

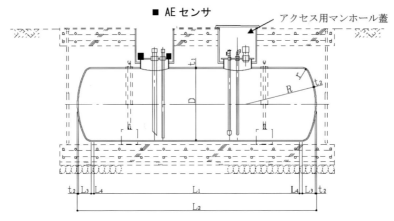

図5.19 地下タンクの計測用ノズル蓋上におけるAEセンサの設置位置[11]

分布解析、相関解析などを用いて除去する。こうして得たデータを有効データとし、解析・評価に適用する。

5.4.4 試験タンクの諸元

データベース構築のために、最大容量 90kl までの容量を持つ、112 基の地下タンクに対して AE 試験を実施した。タンクの諸元で、典型的なものを**表 5.2** に示す。

表 5.2 地下タンクの諸元

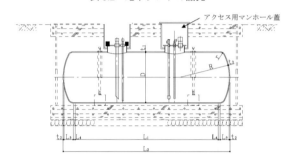

寸法票（1）　　　　　　　　　　　　　　　　　　　　　（単位 mm）

容量 l	内径 D	胴長 L_1	全長 L_2	胴板厚 t_1	鏡板厚 t_2
1,000	900	1,550	1,952	4.5	6
1,500	1,050	1,700	2,160	4.5	6
2,000	1,100	2,100	2,578	4.5	6
2,500	1,200	2,250	2,768	6	6
3,000	1,300	2,300	2,856	6	6
3,500	1,300	2,700	3,256	6	6
4,000	1,400	2,600	3,216	6	9
5,000	1,400	3,300	3,916	6	9
6,000	1,400	4,000	4,616	6	9
8,000	1,500	4,660	5,314	6	9
10,000	1,600	5,200	5,892	6	9
12,000	1,700	5,400	6,132	8	9
15,000	1,800	6,160	6,930	8	9
18,000	1,800	7,360	8,130	8	9

5.4.5 データベースの構築

試験で得たAE計測データは、それぞれヒット数、エネルギー、そしてカウント数の1センサ、1時間当たりの検出数として評価した。いずれも、計測しきい値を40dB（センサ出力換算で$100\mu V$）に設定し、それ以上の大きさ（振幅値）をもつ信号を検出することにより、1時間の計測を行った際に得られたデータを収録・解析した。

112基の地下タンクに対してAE試験が行われ、この内、環境雑音が小さく良好な条件下でAE活動度が計測できたのは97基であった。また16基のタンクにおいて開放検査時に腐食損傷度（減肉量の推定）の評価を実施し、データベースを構築した。

図5.20に、試験時に収録された有効信号に基づくAE活動度の分布が与えられている。40dBのしきい値で検出された有効データをもとに、各々のAE活動度範囲に対応するタンク数の、度数分布を図示したものである。ここで、AE活動度が100未満に対応するタンク数が最も多く、83基を数えている。次に100〜300未満の範囲に対応するタンク数は合計で11基である。さらに、300〜500未満を検出したタンク数は2基、またヒット数500以上のタンクは1基と区分される。AE活動度は現に活性な腐食に起因する活性度に依存するので、図5.20に示されるタンク数の統計分布図は、腐食損傷度の分布と相関すると考えられる。

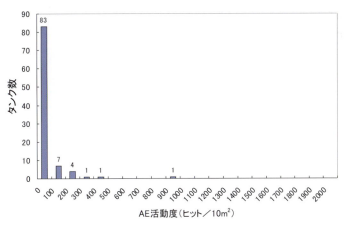

図5.20　AE活動度に対応するタンク数の分布

5.4.6 地下タンクの定性的腐食損傷評価

図 5.21 に、目視点検で確認された腐食損傷度と、AE 活動度の関係が示されている。損傷度が増加するとともに、AE 活動度が増加する両者の相関が定性的に与えられている。

AE 試験を実施した地下タンクのうち、17 基のタンクにおいて、定点板厚測定結果が得られている。それによると、T1（タンク 1 の意味、以下同様）で見かけの腐食速度 0.04mm/ 年が確認され、AE 活動度として 925 ヒット /10m^2 が検出された。

また、T25 および T102 の板厚測定結果によると、測定を実施した部分で顕著な減肉は見られず、腐食は生じていないとされた。しかし、内部腐食状況検査で、部分的に腐食の存在が認められた。なお、T25 タンクの AE 活動度は、205 ヒット /10m^2 であった。

一方、T59、T67、T103 〜 T113、における板厚測定結果によると、減肉は認められず、目視検査でタンク内に腐食部分は存在していない。検出された AE 活動度は、これら 13 基のタンクで、いずれも 100 以下であった。

これらの結果は AE 活動度と腐食損傷度（減肉深さ）の間に相関があり、AE 活動度の計測によりタンクの腐食状態を評価できることを示している。ここで、**図 5.21** に示される腐食損傷度と AE 活動度間で認められる相関により腐食損傷度について、以下の定性的な判定基準が得られる。

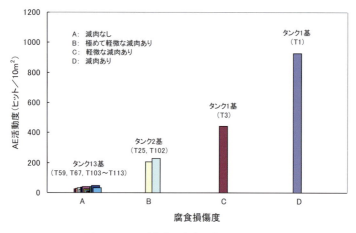

図 5.21　AE 活動度と腐食損傷度との関係

・AE 活動度 100 未満

　　AE 活動度が小さく、腐食損傷が存在する可能性が小さい。
・AE 活動度 100 ～ 300 未満

　　検出された AE 活動度から見るとやや大きく、腐食存在の可能性がある（ただし、詳細な板厚データが存在しないため、現時点での推定）。
・AE 活動度 300 ～ 500 未満

　　T1 の場合ほどではないが、腐食損傷の存在する可能性を考慮する必要がある。
・AE 活動度 500 以上

　　T1 と同程度以上の腐食損傷が存在する可能性がある。

これにより、実際の地下タンク管理において、AE 活動度の大きいものから重点的に取り組み、AE 活動度の小さいタンクの優先順位を下げ、効率的なメンテナンスを実現することができる。

5.4.7　腐食速度と AE 活動度との相関

　地上タンクにおける腐食速度の評価には、AE 計測による AE 活動度と、離散的板厚測定から求めた腐食リスクパラメータ（CRP）の間に、相関関係があることが利用され規格化されている[9]。CRP とは、法規にもとづき行われている超音波法による離散的板厚計測結果をフラクタル解析の概念にもとづき整理・導出したもので、測定時点で腐食が活性な領域における腐食速度に対応した指標となる。

　一方、地下タンクの評価では、目視点検で確認された腐食損傷度と検出された AE 活動度との関係を基に、腐食損傷度が増加するとともに、AE 活動度が増加するという、両者の相関が定性的に与えられた。図 5.22 に、板厚計測データの最大値と最小値の差を供用年数で除して腐食速度とした値と、AE 活動度の関係が示されている。両者の間には正の相関（腐食速度が大きいほど AE 活動度が増加）があると認められる。したがって、AE 活動度を計測することにより、腐食損傷度（減肉の程度）が予測可能となる。

（注）腐食速度（R）として、下記に示すように、板厚計測データの最大値と最小値の差を、供用年数で除した値を用いている。
　　　　　$R = (T_{max} - T_{min}) / Year$
　　　ただし、

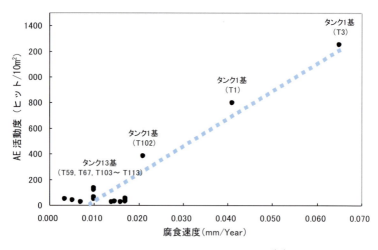

図 5.22 腐食速度と AE 活動度との相関[9)10)]

Tmax：最大板厚
Tmin：最小板厚
Y：供用年数（年）
R：腐食速度（mm/Year）

　既に地上タンクにおける底板の腐食損傷評価においては、AE 活動度と腐食速度との間に正の相関があり、データベースから得られた検量線をもとに、AE 活動度の測定により腐食速度を評価できることが示されている。
　地下タンクにおいても、今後さらに板厚測定データを増加させてデータベースの充実を図ることにより、AE 活動度の測定から腐食速度の評価を、高い精度で実施できるようになるものと考えられている。

5.4.8　まとめ

　AE 試験データ、および減肉量の測定による腐食損傷度に関するデータベースをもとに、地下タンクの実用的な腐食損傷診断方法として AE 試験が一般的に適用可能であることが示されている。ここで腐食リスクが高いと判定された場合は、高い腐食速度を持つ領域が存在することが予想されるので、そのように判定されたタンクは、開放検査などを実施し、腐食の状況を確認することが推奨される。管理上の腐食リスクが低いと判定されたタンクは、高い腐食速度をもつ可能性が低いので、その時点にお

ける損傷発生のリスクと検査コストを考慮し、さらに現在までの検査結果の履歴等も参考にした上で、腐食管理の優先度を選択することができる。

このように、地下タンクの腐食損傷程度を、板厚データとAE活動度との相関関係を基に定性的のみならず、定量的に管理することが可能となる。こうした維持・管理体制など、実情に合った試験手順と評価・判定法が、「AE法による地下貯蔵タンクの腐食損傷度の評価に係る技術指針（HPIS E 102 TR：2012）」として、一般社団法人日本高圧力技術協会により制定されている[12]。

5.5 バルブリーク検出・評価への適用（VPAC評価）

5.5.1 背景

プラント設備において、AE法によるリーク検出が広く行われている。中でもバルブにおけるリーク検出は、製油所、化学プラント、発電所、原油採掘プラントなどで実用技術として汎用されており、重要性の非常に高い応用分野である。

1980年代に実施された調査・研究によれば、製油所などのプラント内に存在する5〜10％のバルブでリークが日常的に発生しており、さらに重要な点として、全リーク損失量の70％近くが、リークを起こしているバルブ全体の、わずか1〜2％に起因していることが報告されている[13][14]。

また特に留意すべき点として、図5.23に示されるようなフレアーシステムに関連するバルブの20％程度にリークが存在し、これによる損失額は、しばしば年間数

図5.23　フレアーシステムの一例

千万円（数十万ドル）にも達することが、調査により明らかにされている。

　製油所、化学プラント、発電所などには、数千ものバルブが存在する。したがって、効率的にリーク発生を検出し、問題のあるバルブを同定することは、単に直接的な経費削減のみならず、大気中への地球温暖化ガス放出を削減するという環境問題の観点からも、極めて重要と考えられる。

　本節では、1980年代より構築されたデータベース（VPAC）を基に、AE法を用いてリーク発生を検出し、さらに定量的にリーク量を評価する「バルブリーク検出・評価システム」についてまとめてある。このシステムは、既に国内外の数百箇所にも上る製油所、発電所、石油採掘プラントなどで、実用技術として一般的に適用されている。

5.5.2　バルブリークの理論

　物理学的考察によると、リーク音は流体の乱流にともなって圧力場が変動することにより生ずるノイズ音とされている。したがって流体の乱流がなければリーク音は発生しない。乱流は、物体の周り（あるいは管内）において、流体の流れの状態を特徴づける量 R（Reynolds数）に関連付けられる。ここで、R は以下に示す式（5.1）で与えられる。

$$R = \rho r v / \eta \quad （シリンダパスの場合） \tag{5.1}$$

（但し、ρ：密度、r：管の内半径、v：流速、η：粘性係数）

経験的に、R が 1,000 〜 10,000 を与える場合に乱流が発生してノイズ音を放出するとされている。したがって、これが理論的に与えられるリーク検出限界を示すことになる。

　一方、単位時間当たりに流れる流体体積（フローレイト）は、以下のPoiseuilleの式で与えられる．

$$V = \pi P r^4 / 8 L \eta \quad (\text{volume/sec}) \tag{5.2}$$

（但し、P：圧力差、L：リークパスの長さ、r：リークパスの半径、η：粘性係数）

　しかしながら、実際に式（5.2）をリーク流出量に適応すると、実測値と合わないことが多い。その原因として、例えば以下の原因が考えられる。

（1）リークパスは一般的に、理想的なシリンダ状ではなく、特に小さなリークにおい

て複雑な形状を有する場合がほとんどである。したがって乱流傾向が増加し、予想値より検出されるリークノイズ値が大きくなる。
(2) 複数のリーク箇所からのリーク信号が、重畳して検出器に入力することがあり、リーク流出量と検出される信号値を直接関連付けることが不可能な場合がある。

さらに、計測上の問題として、発生した信号がバルブそのものを伝わる途中で減衰するために、信号検出値がその影響を受ける。したがって、バルブリークで発生するAE信号の検出・評価は、これらの因子を十分に考慮して実施する必要がある。

実際問題として、バルブリークで発生・検出されるAE信号レベルは、対象となるバルブの種類、寸法、内外圧力差、そして信号検出器（AEセンサ）の取り付け方法などに強く依存する。したがって、実用化するためには、これらの相関を予め詳細に調べておく必要がある。1980年代より、BP（British Petroleum）では多数の基礎試験を通じてこれらの要因を解析し、リーク流出量と検出されるAE信号値との相関を、バルブの種類、寸法、圧力差等の関数としてデータベース化し、実証式として確立した。現在では、このデータベースから導かれた実証式に基づき、各種プラントにおいて、AE計測によりバルブのリーク量を定量的に評価している。

5.5.3　データベースの作成による実用化

前述したように、バルブリークに起因するAE信号レベルは、バルブの種類、寸法、内外圧力差、計測方法（例えばセンサ取り付け位置）などに強く依存する。したがって、実用技術として確立し、現場で信頼性の高い定量的評価を行うためには、検出される信号レベルとこれら因子との相関を、正確に調査し、予めデータベース化しておく必要がある。

この目的のため、1980年代の前半からBPでは、現場に存在する寸法が異なる各種バルブを用意し、図5.24に示されるように、実験室で人工的にリークを発生させ、そのときに広帯域AEセンサ（0.1～1MHz、40～60dB増幅）で検出されるAE信号を計測することにより、数100以上の異なる条件下で基礎データを収集し、データベースを作成してきた。

データベースに与えられる内容の一部が、図5.25～図5.27に示されている。図5.25はセンサ取り付け位置の一例を示したもので、安全バルブでAE計測を実施する際に適切とされるセンサ取り付け位置が、模式的に表示されている。また、図5.26はバルブ寸法と適正評価可能な検出最大リーク量との関係を表したもので、計測装置

図 5.24 データベース作成のために実施した実験室における
バルブリーク量の評価試験

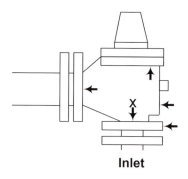

図 5.25 安全バルブにおけるセンサ設置位置の例（↓が最良）

の信号処理速度が飽和せずに適切な計測が行える最大リーク量と、バルブ寸法との関係が与えられている。すなわち実際の計測において、バルブにリークが発生している際、しきい値を徐々に下げることでリーク量の評価を行うが、計測装置が信号処理上問題なく検出可能な最大リーク量と、バルブ寸法との関係が図中に示されている。さらに、**図 5.27** は検出される AE 信号レベルと予想されるリーク量との相関を示したもので、データベースを基に得られる実証式を、模式的に示したものである。

なお、一般的に実験室のような非常に雑音レベルの小さいところで計測可能なリーク量は、1 ml/分程度であることが明らかにされている。しかしながら、各種環境雑音が存在する現場での実用的な検出可能量は、100ml/分程度であるとされている。

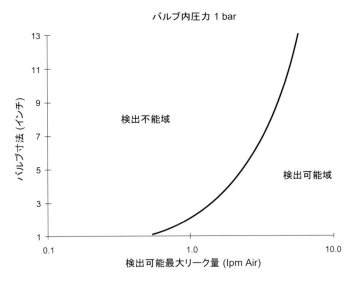

図 5.26 バルブ寸法と検出可能最大リーク量との関係

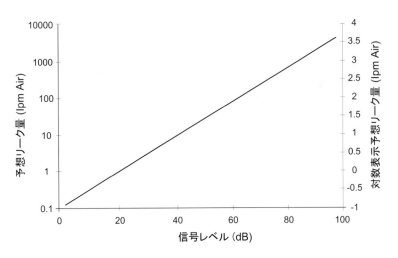

図 5.27 バルブにおける予想リーク量と AE 信号レベルとの関係

第 5 章 AI の適用事例（データベースの構築と評価・フィードバック） 195

リーク量は広範囲に変動するので、計測器には広いダイナミックレンジが要求される。一般的には、95dB以上のダイナミックレンジが必要とされ、これにより大規模なリークを、検出限界を超えて飽和することなく計測できるようになる。市販の計測・評価システムでは、リーク検出で通常用いられる30kHz共振型センサが使用されている。

5.5.4　現場における実バルブへの適用

本項にまとめた「バルブリーク検出・評価システム」において、現場の実バルブでAE計測を実施する際の具体的な注意点として、下記の項目が挙げられている。
(1) 計測に際し、センサ取り付け部の表面塗装をはがし、汚れ、油等の付着物を出来る限り除去する。
(2) センサ取り付け表面を、なるべく平滑にする。これが不可能な場合や、計測表面温度が170℃以上の場合には、ウェーブガイドを使用する。
(3) 対象となるバルブ近くにスロットルバルブなどがある場合、稼動状況によって雑音レベルが変化することがあるので、同じ計測箇所で日時を変更して、2回以上計測する必要がある。

図5.28に、「バルブリーク検出・評価システム」の、現場における適用状況が示してある。また図5.29に、現場で検出された各バルブにおけるAE信号レベルを、バルブごとにリスト表示した、データシートの一例が与えられている。このデータシー

図5.28　バルブリーク検出・評価システムの現場への適用

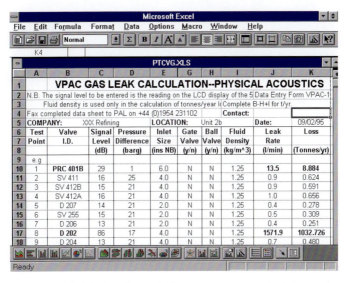

図 5.29　定量的バルブリーク評価システムにおけるデータシート

トに対してデータベースから得られる実証式を適用し、対象となるバルブにおけるリーク量の定量的な算定が可能になる。

　本項で示される「バルブリーク検出・評価システム（VPACデータベース）」は、現在国内外に存在する数百箇所以上の製油所のほか、世界各地の化学プラント、発電所、原油採掘プラントなどで、実用技術として汎用されている。

5.6 スマートコンビナート（化学プラントにおけるデータ マネジメント システム）

　化学プラントを安全、かつ効率的に操業するために、温度、圧力、ひずみ、応力、振動、流量、電力量、漏えい、腐食、音響、赤外線画像、AEなどのセンサが各所に設置され、オフライン、あるいはオンラインのデータ採取・解析が行われている。これまで、我が国のプラントでは、多くの経験を持ち、プラントの状況を知り尽くした優秀な技術員が管理に当たり、人手を比較的多くかけることにより、極めて緻密で精度の高いメンテナンスを実施して安全性を確保し、稼働率を上げる作業が一般的であった。しかしながら、少子高齢化が急速に進む中で、技術員の中核をなした団塊の世代が退職年齢を過ぎ、十分な経験を積んだ技術員不足が大きな問題になりつつある。し

第5章　AIの適用事例（データベースの構築と評価・フィードバック）　　197

たがって、省人化が急速に進む中で、プラントの状態を正確に把握・管理し、安全を担保可能なIoTの適用が、喫緊の課題となっている。

プラントにおいてIoTを進める際、様々なセンサで採取されるデータを正確に管理し、正しく解析するために、膨大なデータ量で構成されるデータベースが必要である。さらに、それを最大限効率的に処理・解析可能なAI機能が要求される。

化学プラントにおける各種センサなどのデータベース化は、1980年代半ばより、アメリカで精力的に行われてきた。図5.30にその概念図が示されている。プラントの設計情報、UT（超音波試験）などによる非破壊検査結果、目視検査結果、腐食状況などの様々な基本データを、PCMS（Plant Condition Management System）と呼ばれるソフトウェアに入力してデータベース化し、毎年繰り返される同様の作業で採取されるデータをさらに積み重ねて、データベースを継続的に充実させる。この作業を何十年も行うことにより、対象となるプラント自身が持つ特徴が明らかになり、より安全で効率の高い操業が可能となる。

図5.31に、プラント内にある各設備、適用される検査方法、その結果得られるデータベース（MONPAC、TANKPAC、VPACなど）、そしてデータベースを基に実施されるRBI（Risk Based Inspection）や、FFS（Fitness for Service）の状況が模式的

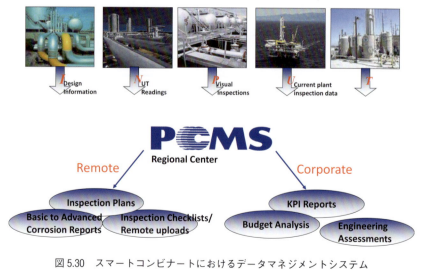

図5.30　スマートコンビナートにおけるデータマネジメントシステム

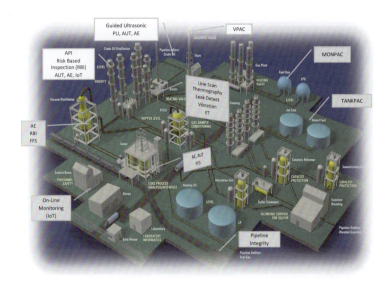

図 5.31　プラント内にある様々な設備、適用される検査方法、そしてその結果得られるデータベース、それを活用する RBI（Risk Based Inspection）や FFS（Fitness for Service）の適用状況を表す模式図

図 5.32　スマートコンビナートのアセット、試験計画、試験履歴データ、メンテナンスプログラムの統合による AI 化

第 5 章　AI の適用事例（データベースの構築と評価・フィードバック）　　199

に示されている。

　さらに、あらゆる情報を統合し、AI機能を取り入れるために、図5.32に示されるようにプラント内にある様々な装置の資産としてのデータ、検査計画、MONPAC、TANKPAC、VPACなどの検査履歴をソフトウェア内に組み入れる。そして、図中に示されるように、IoTを基本に、オンライン、オフラインで得られたプラントの現状を表すセンサデータ、資産としての価値、検査履歴などを評価用データとして統合・活用して、メンテナンスプログラムを作成し、プラント全体の操業マネジメントを実行する。アメリカで開発されたPCMSシステムは、データベース、及びAI機能を付加した形で、既に世界各地に存在する数百以上のプラントで適用されている。

参考文献

（1）生産「見える化」水平展開（自販機工場 IoT 活用）、日経産業新聞、2017年9月4日記事

（2）湯山茂徳：アコースティックエミッション（AE）に関する最近の面白い話題（実構造物の腐食損傷評価）、検査技術、第2巻、第6号（No.97）、日本工業出版、pp.58-63、1997年5月

（3）P. T. Cole and P. J. Van de Loo: Listen to your Storage Tanks to Improve Safety and Reduce Cost, Acoustic Emission - Beyond the Millennium, T. Kishi, M. Ohtsu, and S. Yuyama, editors, Elsevier, pp.169-178, (2000)

（4）湯山茂徳、山田實、関根和喜：タンク底板の腐食損傷診断における国内外のAE試験適用の現状、圧力技術、第40巻、第4号、pp.176-184、（2002）

（5）一般社団法人 日本高圧力技術協会、「経年劣化を考慮した長期備蓄タンクの診断・保全技術に関する調査研究委員会報告書」、平成9年度～平成12年度

（6）一般財団法人 エンジニアリング振興協会、「製油所内貯蔵設備の信頼性評価技術（AE法による操業中タンクの底板腐食診断・評価技術）成果報告書」、平成13年3月

（7）消防研究所研究資料第52号、「AE法による石油タンク底部の腐食モニタリング技術に関する共同研究報告書」、平成13年8月

（8）Guide pour L'inspection et la Maintenance des Reservoirs Metaliques Aeriens Cylindriques Verticaux D'hydrocarbures Liquides en Raffinerie, Edition Aout 2000, Union Francaise des Industries Petrolieres, (2000)

（9）一般社団法人 日本高圧力技術協会：AE法による石油タンク底部の腐食損傷評価手法に関する技術指針、HPIS G 110 TR、2005年5月制定

（10）湯山茂徳、岸輝男、久松敬弘：すきま腐食―SCC発生のAE法による検知とその解析法、鉄と鋼、第68巻、第14号、pp.2019-2028、（1982）

（11）前田譲、橋本弥古武、橋脇正浩、関根和喜、山田實、湯山茂徳：AE法による地下貯蔵タンクの

腐食損傷評価、㈳日本高圧力技術協会、圧力技術、第 51 巻、第 5 号、pp. 269–275、(2013)
(12) 一般社団法人 日本高圧力技術協会：AE 法による地下貯蔵タンクの腐食損傷度の評価に係る技術指針、HPIS E 102 TR、2012 年 3 月制定
(13) P. T. Cole and M. Hunter: An Acoustic Emission Technique for Detection and Quantification of Gas Through-Valve Leakage to Reduce Gas Losses from Process Plant, Technical Report (TR-105-6-10/91), Physical Acoustics Corporation, (1991)
(14) T. Tamutus and S. J. Ternowchek: Valve Leak Quantification with Acoustic Emission, The NDT Technician, The American Society for Nondestructive Testing, Vol. 9, No. 2, pp. 1-4, (2010)

第6章

IoTにおける情報セキュリティ

6.1 はじめに

あらゆるモノがネットワークに連接され、実空間とサイバー空間との融合が高度に深化する社会が到来している。それとともに、サイバー攻撃による被害規模や社会的影響が著しく拡大し、その脅威はますます深刻化することが予想される。したがって、IoTに直接関係する実空間のセキュリティは、サイバー空間のセキュリティと並び、組織の最高指導者が率先して対応策を講ずるべき重要事項としての認識が定着しつつある。

経済産業省及び総務省では、IoTを活用した革新的なビジネスモデルを創出していくとともに、国民が安全で安心して暮らせる社会を実現するために、必要な取組等について検討するために「IoT推進コンソーシアム IoTセキュリティ ワーキング グループ」を開催してきた。2016年の7月、ワーキンググループでの議論及び募集による意見を踏まえ、「IoTセキュリティガイドライン ver1.0」が策定された[1]。

IoTにより、ネットにつながる機器が増えると、脆弱な機器からウイルスが侵入しやすくなる。現時点で、パソコンやスマートフォンに対しては対策ソフトが多く存在するが、IoTにより家電や身の回りにある一般の装置までネットにつながると、一つ一つのウイルス対策に、非常に手間がかかることになる。もし、十分な対策が取られていない機器から侵入したウイルスがネットワーク全体に広がれば、水道や電力など生活基盤にまで悪影響を及ぼす恐れすらある。例えば、2016年に流行したウイルス「ミライ」は、防犯カメラに感染したとされる。

政府では、こうした問題に対処するため、サイバー セキュリティの総合対策案をまとめようとしている。総務省[2]では2018年春をめどに「情報セキュリティ政策局」を設立する予定であり、内閣官房の内閣サイバーセキュリティセンター[3]（NISC）や経済産業省[4]などが、それぞれ対策や政策立案を進めている。

本章では、IoTにおける情報セキュリティに関して、政府が進める対策などの現状を概観するとともに、情報サイトを経営する民間会社が実際に経験したサイバー攻撃の実態と、それへの対応について実例を紹介する。

6.2 近年における情報セキュリティ上の事案

この10年余り、ITにおけるサイバー空間でのデータ取扱量の増加は著しく、それ

に伴い、セキュリティ上の問題が、数多く発生している[(2)]。

　近年多発しているものに、分散型サービス妨害（DDoS）攻撃がある。2009年7月に、韓国、米国の金融機関や政府機関等のシステムが攻撃を受け、数日間に亘りウェブサイトへのアクセス不能な状態に陥ったことに加え、推定で27～41億円の経済的な被害が発生したと言われる。2010年9月には、中国のハッカー組織が、日本政府機関のウェブサイトを攻撃すると表明した後、防衛省及び警察庁等のウェブサイトが攻撃を受け、3日間に亘りアクセスしづらい状態が継続した。2012年6月には、国際ハッカー集団アノニマスが、ネット上の違法ダウンロード行為に刑事罰を導入する改正著作権法の成立に反発し、日本政府等に攻撃を予告した。この時には、財務省、国交省のウェブサイトが改ざんされたほか、最高裁、自民党、民主党のウェブサイトが一時アクセスしづらい状態が発生した。また、2012年9月には中国からのサイバー攻撃により、最高裁判所、文化庁等のウェブサイトが改ざんされたことが報告されている。

　また、クラウドサービスの障害事例として、2012年6月にファーストサーバ（ヤフー子会社のレンタルサーバ事業者）が保有する共有サーバ・クラウドサーバにおいて、保守作業で使用した更新プログラムの不備により、約5000の企業・団体顧客のメールデータ等が消失した事例がある。

　さらに、不正アクセス事案としては、2011年4月にソニーの子会社（ソニー・コンピュータ エンタテイメント、及び米国法人）のシステムに対する不正アクセスにより、個人情報（氏名・住所、電子メールアドレス、クレジットカード番号等）約1億人分が窃取された事件、2012年9月にウイルスに感染したPCが第三者により遠隔操作され、掲示板に違法な書込みが行われたことから、当該PC所有者が誤認逮捕された事件、2012年10月にウイルス感染により、ネットバンキングにログインした利用者のPC画面に偽画面が表示され、ID・パスワードが窃取されてしまい、数百万円の不正送金が発生した事件、2013年4月に、NTTレゾナントが運営するポータルサイト「goo」が不正アクセスを受け、約3万人のアカウントに不正ログインがあったなどの報道などがある。

　攻撃型サイバー攻撃に関しては、2010年9月に、イランの原子力発電所の制御システムにおいて、USB経由でスタックスネットと呼ばれるマルウェア感染が確認されたとの報道があった。2011年8月には、三菱重工業の社内サーバやパソコン約80台が情報収集型のウイルスに感染し、コンピュータのシステム情報が流出したおそれ

が指摘され、2011年10～11月には、衆参両院のサーバやパソコンが情報収集型のウイルスに感染し、ID・パスワードが流出したおそれのあることが報道された。また、2011年11月に、総務省のパソコン23台が情報収集型のウイルスに感染していたことが判明し、個人情報、業務上の情報が流出したおそれが報告された。2013年1月には、農林水産省のPCが遠隔操作型のウイルスに感染し、TPPに関する機密文書が窃取されたおそれのあることが報道された。

このほかにも、2013年3月韓国において、主要放送局や金融機関のコンピュータが一斉にダウンするというサイバー攻撃が発生するなど、サイバー攻撃の危険度は日々高まりを見せ、情報セキュリティに対する重要性の認識を高めることが、喫緊の課題となっている。

6.3 情報セキュリティ ガイドライン

経済産業省、及び総務省が平成28年7月に策定した「IoTセキュリティ ガイドライン ver1.0[(1)]」において、その背景としてIoTの新たなセキュリティ上の脅威が指摘されている。すなわち、近年自動車へのハッキングよる遠隔操作や、監視カメラの映像がインターネット上に公開されるなどの事案があった。IoTの適用が広まることにより、これまで接続されていなかった自動車やカメラなどの機器が、WiFiや携帯電話網などを介してインターネットに接続されることになり、新たな脅威が発生し、それに対するセキュリティ対策が重要になっている。例えば、携帯電話網経由で遠隔地からハッキングし、カーナビを通してハンドル、ブレーキを含む制御全体を奪取するなど、生命にも関わる事故が起こせることが証明され、自動車会社は140万台にも及ぶリコールを実施せざるを得なかったという事例がある。また、セキュリティ対策が不十分な日本国内の多数の監視カメラの映像が、海外のインターネット上に公開されるなどの事件があった。

こうした状況を考慮し、本ガイドラインの目的は、「IoT特有の性質とセキュリティ対策の必要性を踏まえて、IoT機器やシステム、サービスについて、その関係者がセキュリティ確保の観点から求められる基本的な取組を、セキュリティ・バイ・デザインを基本原則としつつ、明確化することによって、産業界による積極的な開発等の取組を促すとともに、利用者が安心してIoT機器やシステム、サービスを利用できる環境を生み出すことにつなげること」としている。

本ガイドライン適用時の留意点は、サイバー攻撃などによる被害発生時に、関係者間の法的責任の所在を一律に明らかにすることではなく、むしろ関係者が取り組むべき IoT におけるセキュリティ対策の認識を促すとともに、関係者間の相互の情報共有を進めるための材料を提供することにある。したがって、ガイドライン適用の対象者に対し、一律に具体的なセキュリティ対策の実施を求めるものではなく、守るべきものやリスクの大きさ等を踏まえ、役割・立場に応じて適切なセキュリティ対策の検討を行うべきことを明確にしている。

　適用に関する具体的な指針や主な要点として、
・IoT の性質を考慮した基本方針を定める。
・経営者が IoT セキュリティにコミットする。
・内部不正やミスに備える。
・IoT のリスクを認識する。
・守るべきものを特定する。
・つながる相手に迷惑をかけない設計をする。
・安全安心を実現する設計の評価・検証を行う。
・機能及び用途に応じて適切にネットワーク接続する。
・初期設定に留意し、認証機能を導入する。
・安全安心な状態を維持し、情報発信・共有を行う。
・出荷・リリース後もリスクを把握・考慮し、安全安心な状態を維持する。
・IoT システム・サービスにおける関係者の役割を認識する。
・脆弱な機器を把握し、適切に注意喚起を行う。
などが挙げられている。

　さらに、一般利用者のためのルールとしては、
・問合せ窓口やサポートがない機器やサービスの購入・利用を控える。
・初期設定に気をつける。
・使用しなくなった機器については電源を切る。
・機器を手放す時はデータを消す。
などを推奨している。

　また、今後の検討事項として、
・IoT が適用される様々な分野ごとに求められるセキュリティレベルが異なるため、具体的な IoT の利用状況を想定し、詳細なリスク分析を行った上で、その分野の性

質、特徴に応じた対策を検討する必要がある。
・法的責任関係については、製造メーカ、サービス提供者、利用者が複雑な関係になることが多いので、サイバー攻撃により被害が生じた場合の責任の在り方については、今後出現するIoTサービスの形態や、IoTが利用されている分野において規定されている法律などに応じて整理を行っていく必要がある。
・データ管理において、IoTシステムでは、利用者の個人情報等のデータを保持・管理等を行う者、または場所が、サービスの形態により変わるので、個人情報や技術情報など重要データの適切な保持・管理等を徹底する必要がある。

などが指摘されている。

6.4 民間企業へのサイバー攻撃に対する危機管理の事例

6.4.1 危機の発生

　インターネットに基盤を置く情報サイトには、事前にどうしても発見できない脆弱性の存在する場合があり、たとえ警戒を怠らなかったとしても、悪意を持つ者に、外部から侵入を許してしまうことある。新聞・雑誌などによれば、世界的に見て最も警戒が厳重とされるアメリカの軍事関係サイトにも、侵入者があったとの報告がある。したがって、情報サイトを運営していくには、常にリスクが存在し、それが全くなくなることは、決してあり得ないと考えるべきである。

　当該企業の場合も、本事案が発生した時、最初は何が起こったか、全く分からない状態であった。サイト上に、本来あるはずのない文字の入力を要求する表示が現れ、サーバ内にウイルスも発見された。誰かが当社のサイトを攻撃していることは判ったが、誰が何の目的で何をしているのか全く見当もつかなかった。それから数日後、顧客がサイトを開くとウイルスに感染するという極めて悪質なプログラムが、サイトのトップページに埋め込まれていることが発見された。

　状況に対応して、様々な対策を施したが、会員情報が抜き取られたことが明らかになり、事態は徐々に深刻化していき、何が起こっているかを明確につかむのに、たいへん時間がかかった。担当者にとって、見えない敵が、今もどこかで新たな攻撃を仕掛けているという恐怖で眠れない日が続いた。

　サイトの運営者として、外部からサイバー攻撃があることは認識していたので、これまでの経験で対応可能な対策は講じていたが、攻撃を仕掛けるハッカーの方が技術

的にかなり上手であった。

6.4.2 情報の公開

サイバー攻撃があったことを、最初にネット上で公開した。顧客に向けてサイトの閉鎖を告知し、ある期間にサイトを閲覧した人はウイルスに感染した可能性があることを知らせた。情報を掲示した翌日に、ある報道機関が聞きつけ、取材の申し込みがあった。対策を立て始めた段階だったので、サイバー攻撃対策、そして顧客への対応とは別に、メディアへの対応や、社会への対応などが一気に押し寄せ、社内は混乱を極めた。

6.4.3 対策チームの編成と方針の決定

対策チームを、攻撃が始まった段階で直ちに立ち上げた。総勢は20人程度である。人選は、攻撃されたサイトの管理者がリーダーとなり、サイト運営部門、技術部門、法務部門、役員室、それに外部のセキュリティ専門家などを加えて編成した。社内だけではとても対応できるとは思えなかったので、外部の専門家の応援を得たが、担当者にとってこれはとても心強い支援であった。

報道機関が取材に来た段階では、サイバー攻撃の全容が判っておらず、まず事実を公表することが最重要と考え、最初にそれを行った。この段階で、サイバー攻撃が進行中であり、誰が、どこで何を目的としているのか、また現在明らかになっている事実以外に、もっと大きな攻撃が行われたのか、行われているのか、全く分らない状況であった。

6.4.4 顧客への対応

唯一はっきりしていたのは、事実をしっかり説明し、迷惑をかけた顧客に、誠実に対応することであった。「誠実」が、こうした際のキーワードである。この一件では、当社は被害者と加害者の両方の立場に置かれていた。自分たちは、サイバー攻撃を受けた被害者であったが、その点を強調しすぎると反発を受ける可能性があった。そのため、純粋な被害者であるサイト顧客に対して、経過と事実をしっかり説明し、迷惑をかけて申し訳なかったと謝罪した。

こうした場合、しばしば対象を限定せず、とにかく誰にでも謝るという行動が日本でよく見られるが、今回はそうしなかった。本件は、不特定多数の人々に対する加害

ではなかったので、責任の所在を明確にするという意味から、被害対象者のみに対して謝罪した。

当社の立場では、使用者が必ず読んで内容を確認する使用許諾契約で保護されるため、法的な責任は理論的には逃れられるが、それだけでは社会的な責任を果たすことにならず、問題を解決することはできないと考えた。

6.4.5　対策チームの使命

前述したように、急いで対策チームを作り、最高責任者（社長、役員室）に説明し、対策本部を立ち上げた。複数のことが同時進行的に起こるので、非常に多くのことを並行して実施しなければならなかった。

まず原因を調査し、進行中の危機であること、また再度攻撃の可能性があることなどを確認した。こうした背景に基づいて対策をたて、事実を公表した。一時に数項目以上のことに対応する必要があった。したがって、優先順位を付けて対応するという時間的な余裕はほとんどなく、同時進行で対処せざるを得なかった。このような危機（クライシス）時には、一度に多くのことに対応しなければならないことを痛感した。

こういう状況の時は、対策チームも社内も動揺するので、対応が非常に難しい。本件で、当社が比較的問題が少なく、うまく対応できた最大の要因は、最高責任者（社長）と常に密接な連絡を取り、明確な支援を得られたことである。「誠実に対応せよ。」との社長の指示が、担当者としてとてもありがたかった。こうした支援の言葉をもらい、気持ちが落ち着き、大いに勇気が湧いた。

6.4.6　最高責任者（社長、役員室）の対応

危機管理（クライシス マネジメント）がうまく行われるかどうかは、最高責任者の決断と行動次第である。最高責任者がしっかり対応するのが、もっとも重要な点で、最高責任者自身が自分の役割や現場の役割を認識、見極めて、最善の行動をとる必要がある。危機時の行動には、最高責任者が前面に出てしなければならない事項と、そこまでする必要のないものがある。本件では、最高責任者が矢面に出る必要はないと考えた。実際問題として、社内のある一部門が攻撃を受けただけであり、当社は基本的にはサイバー攻撃の被害者なので、その部門の責任者が全てに対応した。

最高責任者からの、「誠実に対応せよ。」との指示を受け、担当者として自分のやるべきことが、明確に理解できた。さらに、最高責任者も担当者を信頼し、全てを任せ

たので、困難な中ではあったが、大きな問題を乗り越えることができた。

6.4.7 外部からの支援

本件で当社にとって、非常に幸運だったのは、外部企業から、事故対応に対して援助したいとの申し出が、複数あったことである。日頃から親密な関係にあり、類似の問題に直面したことのある企業から協力したいとの提案があり、直ちに受け入れた。こうした外部企業の専門家にチームに加わってもらい、同時並行的に起こる様々な問題に対する対策を立てた。自分たちだけでは、気付かず、目に見えないことが多くあるので、第三者である彼らの助言は大いに役立った。このように、非常時に社外からの知恵を活用することの重要性を痛感した。

6.4.8 問題解決への道筋

こうして、外部の支援なども受け入れ、何とか対策本部を立ち上げ、攻撃がどのようにして行われたかを調べ始めた。対象となるプログラムが非常に大きく、数千ページにも及ぶため、そのセキュリティをどう確保・防御するか、そしてプログラムをどのように再構築するかという大きな問題に直面した。これには、時間的にも、費用的にも、人員的にも膨大なコストが必要となった。

この時点で可能な対策は、まずサイトをすべて止めるしかなかった。サイトを停止した場合、その時間が長ければ長いほど顧客の損失が膨らみ、苦情が日増しに大きくなってくる。しかしながら、解決には相当な時間がかかり、課題も山積している。この板挟みで、担当者として、精神的にも毎日追いつめられる思いであった。さらに、自分たちのサイトが、他社の分を含め多くのサービスを提供していたので、他の顧客企業にも迷惑をかけてしまった。最高責任者からの指示が明確で、しかも社内外から集まった20人ほどの対策チームは、「誠実に対応する」をモットーに、互いに励まし合って事に対処したため、なんとかこの難局を乗り越えることができた。

6.4.9 事前のリスク管理

様々なリスク対策の一環として、サイトのバックアップシステムを準備していた。しかし、サーバが攻撃され、攻撃に対する解決策がなかなか見つからない状況下で、バックアップシステムに切り替えることはできなかった。

この種のサイバー攻撃は、この時点までそれほど頻繁には起こっていなかった。こ

のため、関係者の間でもその危険性についてあまり認識されておらず、不正侵入防止装置の導入や、ファイアウォール、セキュリティ対策ソフトウェアの導入など、従来ある対策の域を超えたリスク管理は実施されていなかった。したがって、インターネット時代の新たな攻撃に対する防御は、ほとんど設置されていなかったというのが実情である。すなわち、新種のサイバー攻撃に対する対策は、発展途上であったと言える。このため、外部から専門家を呼び、プログラムを防衛し、再構築しなければならず、莫大な費用を要することになった。しばらくの間、問題の収束見込みすら見えず、担当者として本当に恐ろしく感ずることがあった。しかし、幸運にもチーム内に技術系、営業系、法務系、広報系など、多様な人材が存在し、外部企業の知恵を多面的に吸収できたので、時間はかかったが何とか解決に向けて動き出した。

6.4.10 対策チームの活動

よりきめ細かな対応を行うため、対策チーム内に、サイトの技術的問題解決チーム、一般顧客対応チーム、メディア対応チーム、社内説明チーム（社内の動揺を鎮静化）、企業顧客説明チーム、など専門化したユニットを設け、それぞれに専門知識を持つ適切なリーダーを配置した。問題が広範囲に渡り、また非常に複雑であったため、個人のみで対応することはほとんど不可能であり、チームワークを基に活動した。チームには総務（法的な事案に対応）などの専門家を入れた。人選は、日頃のネットワークで自然に生まれた社内コンセンサスで行われた。社内外の必死の支援で、最良の人選がなされ、何とか問題を解決する道筋が見えるようになった。

対応すべき相手は、技術的解決の困難さ、一般顧客、企業顧客、メディア、社内、警察（サイバー攻撃は犯罪事件）などである。これらすべてに対して、同時進行的な対応が必要であった。担当者は、すべての統括責任者として対応した。最終的には、最高責任者（社長）から「とにかく、あらゆることに対して誠実に対応せよ。」との指示をもらっていたので、その方針に従い、徹底的に誠実に対応した。これには、非常に莫大なコストを要した。

6.4.11 一般顧客対策

対策チームを発足させた時点で、サイバー攻撃は現在進行中の危機だったため、顧客から苦情が入り続け、迅速に対応する必要があった。これに対して、最初にマニュアルを作り、電話対応をした。

技術対応チームから技術的な助言を得ながら、顧客対応チームが、顧客からの問い合わせや苦情の内容をすべてノートに記録し、可能な限り真摯、かつ丁寧に応対した。さらに、顧客にはメール、電話、はがきなど手段を惜しまず、ありとあらゆる方法で、連絡を取った。こうした案内は、メディアやインターネットサイトでも掲示した。しかしながら、それでも非常に多くの苦情が寄せられた。可能なことをすべて行い、徹底的に対応しないと顧客は決して納得しないことを痛感した。

　顧客からの苦情は、とても厳しかった。「嫌がらせメールが増えたのは、すべてお前たちの責任だ。」などと、言いがかりとも思える追及がなされることもあった。場合によっては、担当者を顧客に直接会いに行かせて説明した。電話で数時間も苦情を言い続ける人もいた。このように、顧客対応はたいへん難しい側面を持つ。しかし、必ず専任の対応者を置き、常に真摯な電話応対をした。毎日記録を書かせ、責任者が必ずそれを読んで適切な対策を立てた。顧客企業に対しては、早い段階からサイバー攻撃の事実や対処の経過、今後の方針と解決の見通し（見通しが立たなかったことも含め）などを、ことあるごとに報告した。さらに、電話やメールで対応が難しい場合は、遠方であろうとためらわず出かけていき、直接説明をした。

6.4.12　記者会見

　問題の期間中に、記者会見を2回行ったが、事前にリハーサルを必ず実施した。記者会見などで現状を報告する際には、リハーサルを予め行い、十分な準備をすることが特に重要である。

　例えば、リハーサルで、「どのくらいの人数に対して情報が漏洩したのか、すなわち被害者数はどのくらいか。」という想定質問に、「数万人だけです。」と答えたことがあったが、リハーサルのチェック役の社員から、「だけ」という表現は、自己弁護的、防衛的な内容を含む表現でまずいと指摘を受けた。何ら準備をせずに本番に臨んでしまうと、知らないうちにこうした表現をとってしまう場合が多いので、やはりリハーサルをしっかり行い、十分に準備する必要がある。本番では、事実のみを明確に伝え、その上で迷惑をかけた顧客への申し訳ないという思いを素直に表現できるように準備を心がけた。リハーサルは、社内関係者の前だけに限らず、担当者の家族を相手に繰り返し行い、納得のいくまで準備を整えた。

　正式な記者会見は2回行われたが、それ以外に、個別にメディアからインタビューが求められたこともある。中には、夜討ち、朝駆け的なものがあった。夜中の問い合

わせなど、非常識な取材もあったが、誠実に対応すれば、新聞社の方々などはこちらの状況をよく理解してくれ、助言をもらえる場合もあった。

　記者会見では、必要最低限の事実を、明確に報告し、それ以外は、質問されたことに誠実に答えることで十分であると考えた。そのために、事前にリハーサルを行い、どのような質問がでるか想定し、準備をしておいたことが、非常に有益であった。配布する資料や報告内容の選択は、責任者が技術担当者とともに練り、技術的な内容については技術者が答えるなど分担して行った。最高責任者である社長から一任されていたので、何らの不安もなくしっかりと準備ができた。

　メディアへの対応は、自己防衛的にならないように細心の注意を払い、決して不信感を与えないように心掛けた。記者会見では、悪意あるハッカーの攻撃を受けた事実を述べるにとどめ、自分たち（当社）も被害者であるかのような発言は一切しなかった。

　最終的には顧客への対応が最も大切、かつ重要である。顧客に対して、どういう気持ちを持って発表しているかは、記者会見の様子をテレビで観れば一目で判ってしまうので、常に誠意をもって、真摯な対応をするように、最大の注意を払った。

6.4.13　企業責任と自己防衛

　ガス湯沸かし器に欠陥があり、連続して事故が発生した際に、製造業者が、不必要とも思えるくらい情報を流し続け、まだ気付いていない顧客に連絡をつけようとした事例がある。いったんこのような危機が発生してしまうと、こうした対応が必要になる。自己防衛のみを考えると、それ自身が自己破壊につながるという事例が、食品中毒などに起因するクライシスで、いくつか報告されている。

　自己防衛は、個人対個人、あるいは個人対グループなど、比較的少人数単位においては、それなりの効果を持つ場合がある。しかし、個人対マス（大衆）ではうまく働かないことを理解する必要がある。自己防衛しようとしても、大衆はそれを見抜き、受け付けないのである。

　前項で述べた記者会見の場合も事情は全く同じである。人々に対して、どういう気持ちを持って報告しているかは、記者会見の様子を観れば直ちに見抜かれてしまう。記者会見で対応に失敗し、人々の信頼を一度失ってしまうと、再び信頼を取り戻すことは至難の業であることを、危機管理担当者は十分に知り、肝に銘じておく必要がある。

6.4.14 担当者の健康（精神）管理

　危機管理担当の責任者を務めた期間中は、想像を絶するプレッシャーが続き、次に何が起こるか不安で、毎夜眠れない日が続いた。一時的には、文字も書けなくなり、判さえ押すことができなくなるほど精神的に追い込まれた時期がある。今思うと、健康管理のために、こうした事態をケアする医療的なバックアップシステムが必要だったと考えられるが、当時は全く思いさえ至らなかった。

　幸いなことに当社では、全社を挙げて全面的な支援が得られた。対策チームのメンバーが夜遅くまで居残って仕事をしていると、差し入れをしたり、メールで応援してくれたりする社員がおり、たいへん嬉しく感じ、大いに勇気付けられた。追い詰められた状況で、こうした支援があると、担当者として本当に大きな力を得られる気がした。

6.4.15 経験の蓄積と継承

　21世紀になって新たに始めたインターネット事業（新たな情報革命）では、次世代の社員にとり、将来の財産となる仕事をしたいとの思いがあった。サイバー攻撃の際も、試練は次の世代に役立つものにしなければならないとの考えを当初から持っていた。したがって、本事件における全システムとしての脆弱性、社内組織の問題、解決方法、結果の検証など、可能な限り記録を残し、今後このような事件に巻き込まれないための対策を立てなければならないと考えた。そこで、対策本部を設置した段階で、議事録をとる担当者を技術陣の中から一人選定した。また、同じような考えを持つ仲間（技術者）がいたので、時系列で事件の発生から終息までをまとめるように依頼した。

　危機対策に追われ、極めて繁忙な日々が続く間も、毎日の業務記録を必ず議事録として残し、対策本部関係者に回覧し、修正しながらまとめた。回覧することで対策本部のスタッフのみならず、役員室、その他社内の重要なメンバー全員が、状況をある程度認識できたと考えられる。

　議事録、および時系列記録の危機管理における利点をまとめると、以下のようになる。

・議事録の利点
① 対策本部の動き、事件の全体像の把握が比較的容易にできる。
② 反省点なども記していたため、途中で軌道修正ができる。

③ スタッフ全員が状況を共有でき、対策への有効な手立てとなる。
④ 実質的な議論が行え、対策立案に有用である。
⑤ 事件収束後のサイバー攻撃全容に関する報告書のまとめ（事件の全容と問題点、対処、課題、今後の対策など）を、容易に行うことができる。

・時系列記録の利点
① サイバー攻撃の全容、対策に関して、今後の計画立案と進捗状況の把握に、非常に有用である。
② 記者会見の資料として、時系列記録は欠かせないものである。正確に状況報告や今後の対策を説明できる。

　議事録、および時系列記録を基に、最終的に将来のリスク対応、危機管理に必要なセキュリティポリシー、運用マニュアル（必要に応じて適宜見直し）を作成し、それに基づいて日々の業務を行えるようになった。

　危機は、何の前触れも無く、突然やって来る。しかも、同じ危機が二度と起こることはなく、毎回異なる状況下で発生すると考えられる。しかし、身近で実体験した危機管理の経験は、将来発生する可能性のある危機に対して、如何に対応するべきかのヒントを与えてくれる最善の教科書である。今回の危機を契機として、データを蓄積し、将来に備えて会社の財産とするべく、経験を共有し、後年に継承するためのシステムを社内に構築することが可能になった。

6.4.16　まとめ、および危機の収束

　このように、危機管理時に必要となる行為や行動、そしてその規範は、
① 危機の種類、現状、進展性など状況の迅速な把握
② 社内危機対策チームの速やかな設置
③ 社内最高責任者（社長）の適切な決断と人選、そして現場への権限移譲
④ 最高責任者と現場責任者の密接な意思疎通
⑤ 社会的責任の自覚
⑥ 社員の動揺を防ぐ適切な社内説明
⑦ 何が起こっても決して動ぜず、社長から一般社員まで全てが共有する、問題解決のための統一された信念
⑧ 顧客への適切な情報公開と誠実さ
⑨ メディアを対象とする記者会見時に、事前リハーサルを行うなどして、適切かつ

正確な情報を提供するための、細心で十分な準備
⑩ 経験の蓄積とその継承

などである。

　サイバー攻撃の発生が判明した時点で、警察からサイバー犯罪担当者が、事情聴取に訪れた。当社だけではなく、同時にいくつかの企業・機関が同様の攻撃を受けており、それらの情報を捜査することにより、最終的に犯人を特定できた。犯人は、日本国内に住む外国人であり、その後警察に逮捕された。こうして、危機が最終的に収束したのは、発生後およそ半年たった後のことである。

参考文献

（1）IoT セキュリティガイドライン（ver1.0）：IoT 推進コンソーシアム（総務省、経済産業省）、平成 28 年 7 月

（2）鈴木智晴：総務省における情報セキュリティ政策の最新動向、情報流通行政局、情報セキュリティ対策室、PDF 資料

（3）我国のサイバーセキュリティ政策の概要：内閣官房、内閣サイバーセキュリティセンター、PDF 資料（2017 年 1 月 30 日）

（4）情報セキュリティ管理基準：経済産業省 PDF 資料（平成 28 年改正版）

第7章

終　　論

7.1 日本の優位性と課題

日本には、長い伝統と高い技術力に裏打ちされた数多くのソフト／ハードウェアコンテンツが存在する。これらは、戦略さえ正しければ、世界市場に打って出ても十分な競争力を持ち、世界中の人々から求められ、愛される価値を発揮できるものである。

残念ながら、これまで日本では、工業国として欧米に追い付き、発展していくために必要な既存産業に対する戦略のみを重んじる傾向が強く、新しく付加価値を発見・創生したとしても、それを尊重することが少なく、具体的な物品ではなくソフトウェア製品に重きを置く産業の育成や振興に、あまり努力を払って来なかった。それが、21世紀の初頭に表出した日本産業全体の沈滞感、出遅れ感を生んだ一つの原因とも思われる。こうした状況の中で、IoT、ビッグデータ、AI技術の開発、応用に関するグローバルな大競争が起こっている。そこで、日本の立ち位置と、今後の戦略的方向性を考えるために、日本が持つ優位性と課題について考察を試みる。

日本は、近代科学技術のほとんどを、欧米先進国と共有する先進工業国である。それにもかかわらず、文化や社会的制度は、欧米諸国と異なる、極めてハイコンテクスト（共有性が高く、伝える努力や技術がなくても、お互いに相手の意図を察しあうことで、言語を用いずに無意識的にコミュニケーションが可能な社会構造）な日本的特徴を持つ国・地域である。以下、IoT、ビッグデータ、AI技術の開発、応用を行っていくうえで、日本のハイコンテクスト社会に基づく優位性と、課題を列挙してみる。

(1) 優位性：現場主義、緻密性、進取性、先進性、好奇心、潔癖主義、完全主義、職人気質、豊かな感性と勘、オタク精神、和の心（チームワーク）、おもてなしの心、教育重視の精神

日本の持つ優れた特徴は、上述した言葉に象徴される、真摯な探究心と協調心に裏付けされた完璧なモノづくり、そしてサービスの精神である。日本人の持つ職人気質は、どの国にも見られない緻密で美しいモノを造り続けている。また、「おもてなしの心」に代表される、和の精神は、日本の持つ美徳であり、今後経済的に極めて重要性の増すインバウンドビジネスを発展させていくうえで、世界からの旅行者を引き寄せるための貴重な資源である。

(2) 課題：
 ① 少子高齢化
 ② 合理性の欠如：非合理的精神主義の蔓延、客観性の欠如、データベースの軽視（資産として正当な評価の欠如）、エビデンス軽視、経験主義、実績主義、技術優位主義、ソフトウェア軽視
 ③ マネジメントシステムの軽視：組織の硬直性（縦割り主義）、形式的権威主義（形式的権威の尊重）、視野狭窄（専門主義、たこつぼ主義）、リスク回避主義、標準化の軽視（ISO など一般化・標準化の遅れ）、戦略性の欠如、ネットワーク化の遅れ、自前・身内主義、フルライン主義
 ④ 舶来信仰（自己否定、欧米への妄信、自己・他者評価能力の欠如）
 ⑤ 個人主義の欠如
 ⑥ 教育軽視：情勢変化への機敏な対応の欠如
 ⑦ 情緒的・感情的
 ⑧ 異端の排除

　「データベースの軽視、実績主義、技術優位主義、ソフトウェア軽視」などで代表される合理性の欠如、そして「縦割り主義、標準化の軽視、戦略性の欠如、ネットワーク化の遅れ、リスク回避、自前・身内主義」などマネジメントシステムの軽視は、IoT、ビッグデータ、AI などの新しい革新的技術を開発、実用化していくうえで、大きな障害となり得る。かつて、携帯電話でメールを送りインターネットに接続するという革新的技術（i モード）を生み出したにもかかわらず、その後の展開を誤ったため、携帯電話ビジネスの世界で、日本市場のみが完全に孤立（ガラパゴス）化してしまい、日本製電話機の世界市場における存在感が、全く消失してしまったのは、つい最近の出来事である。
　現在注目を浴びる IoT、ビッグデータ、AI 技術においても、一歩対応を誤るなら、全く同様の結果を生みかねない状況にあることを、肝に銘じておくべきである。先進国、新興国が入り混じり大競争が展開されるグローバル市場において、20 世紀型の製造業が生き残れる機会はほとんどないと言ってよいであろう。21 世紀に繁栄し、成長を続けられるのは、かつての製造業とサービス業、そして合理的なマネジメントを融合させた製造／サービス業であることを忘れてはならない。
　明治の開国以来、日本人の心に深く植え付けられた舶来信仰は、日本発の革新的技

術を世界標準化するうえで、大きな障害となっている。現在ドイツ発とされるIndustry 4.0が大きな注目を浴び、日本において官民を問わず、その内容の消化・吸収に躍起である。しかし、本書で述べているように、類似、あるいはより進歩した概念（スマート工場）は、2000年代初頭から日本の企業で提示されていた。また、英国で実用化されたインフラ構造物（プレストレストコンクリート橋）の連続モニタリングで基礎となった技術は、日本で研究開発され、英国の専門誌に掲載された理論と技法に基づいている。さらにGE社が広く実施しているガスタービンのAEモニタリングに関する基礎技術は、日本で最初に開発されたものである。このように、日本生まれで世界標準にもなり得る革新的技術やアイデアの芽が、かつてそして現在でも多く存在する。それにもかかわらず、こうした機会を活かせず、舶来の技術や概念を尊重するばかりで、自己のオリジナル性を認めようとしない日本の後進性は、製造業の在り方を一変させる力を持つIoT、AIの適用において、後追いにより2重投資を生みかねず、非常に投資効率の悪い状況を起こす危険性をはらんでいる。

　日本は、教育を重んじる国である。1980年代前後、大学の技術者（工学）教育に大きな問題を抱えていたフランスや、初等、および中等教育の改革を迫られたイギリス、アメリカは、日本の教育制度を参考にして、自国制度の刷新を図った。今日、日本の教育制度が揺れている。2015年に起こった、文系・理系騒動はその典型的なものである。21世紀型製造／サービス業において必要とされるのは、単に理系あるいは文系のみの知識を持つだけでは全く不十分で、プログラミングなどITに関連して有効な科学技術的知識や素養を持ち、優れたマネジメント能力を有する文理融合型人材である。このことを理解しない限り、無益な論争に時間を費やすばかりで、実質的な解決策を導き出すことは困難になる。

　日本は、エネルギー資源など、天然資源をほとんど産出しない無資源国である。産業や文化を発展させるための資源と言えるものは、優れた人材しかないと言っても過言ではない。適切な教育で育つ人材が、IoT、ビッグデータ、そしてAIを基礎とする21世紀型産業を支える最大の力となることを忘れてはならない。

7.2 課題の解決法

　IoT/AIに対する関心が高まっている背景には、コンピュータの性能が指数関数的に高まり、さらに通信技術の急速な発展により、膨大なデータを高速で安価に取り扱

うことが出来るようになったことがある。ここで重要な点は、それぞれの要素技術や環境が IoT/AI を進展させたのではなく、様々な要素を組み合わせ、多数のセンサーから採取されたデータがネットワークを通じて記録媒体に保存され、それを処理能力の高いコンピュータを使って解析・評価するという一連の統合された技術革新が、IoT/AI を生んだということである。

　こうした技術的発展により、新しいサービスやビジネスが生み出されている。例えば、あるジェットエンジンメーカーが世界で稼働する数千に上る航空機のエンジンに加速度センサーを取り付け、採取したデータを解析することで、整備箇所を特定し、安心、安全な運行とメンテナンスコストの削減が可能になったことが知られている。こうした状況は、これまでの一般的製造業のモデルとは、極めて異なる形態である。すなわちメーカーは、モノとして航空機のエンジンを航空会社に販売するのではなく、その管理・整備や安全というサービスを提供することになった。他方、航空会社にとって、エンジンというモノを購入、所有することで発生する設備投資が、毎月発生する費用に変化した。こうしたビジネスモデルの変革により、初期投資を低く抑えられるようになり、LCC をはじめとする格安航空サービスが生まれるようになったと言われる。

　また、あるモニタリング装置のメーカーは、加齢化が進む吊り橋やコンクリート橋を IoT で連続監視し、採取されるデータの解析・評価・報告・保存管理まで一括して請け負うことにより、単に装置（モノ）を提供するビジネスから、橋梁という公共物の安全確保というサービスを提供することになり、これまでとは異なる形で、いっそう社会と深く関わるようになった。現在、種々の構造物や機械装置全体に多数のセンサーを取り付け、IoT を活用することで、極めて膨大なデータが採取され、適切なソフトウェアを適用しさえすれば、被計測物のグローバルな診断・評価が 24 時間体制で行える状況にある。その結果、これまで考えられなかったようなビジネスモデルが生み出されつつある。

　歴史的に見て、日本には IT や IoT を育てるインフラが、十分に育成されていないという弱点がある。残念なことに、かなりの経営者は様々な理由で、クラウドやビッグデータ、ネットワーク化などの最新技術に背を向けてきた傾向がある。こうした点が一因となり、日本の現状に対して、主要先進国の中でも生産性、効率性が最下位という評価さえ与えられている。

　こうした状況に加え、文化的コンテクストに起因する、「縦割り主義」が大きな障

害になっている。近年問題となった、いわゆる文系、理系という区分けもその一つと考えられる。一般的に、経営層にはいわゆる文系出身者が多く、他方IT、IoT、AI系のエンジニアは理系出身者が大多数を占める。このように、両者が分断していることが、日本の技術のみならずビジネスを停滞させている要因の一つと考えられる。海外にはこうした線引きがなく、文系、理系に関係なく、能力を持つ人材が当たり前のようにITやIoTを駆使している。

　IoT/AIでは、「データ」が価値を生むことを強く認識する必要がある。それゆえ、「データ」こそが、日本の経済を支える最大の機会となる。したがって、これまでのように、工場の設備投資やサプライチェーン、流通システムなど、大規模なインフラがなくてもビジネスを始める機会は十分に存在するようになった。海外を見ると、データを収集するコストが圧倒的に少なくて済むようになったことにより、ハード的インフラを持たずにビジネスを始めて大成功している事例が多くある。例えば、タクシーの自動配車を行うUberの時価総額は7兆円にも上るが、これはIT分野で世界の巨人となったアップル、アルファベット（Google）、マイクロソフト、アマゾン、Facebookと同じように、まさにIoTによって得た「データ」の使用法が評価されているからである。

　日本には、見えないものに価値を認める習慣が、伝統的に存在してこなかった。しかし、ITの場合と同様に、IoTにおいても採取されたデータに大きな価値があり、それをどう活用するか（最終的にAI化するか）が最大の課題である。今後ハードウェアにソフトウェアをうまく組み込むことにより、様々なモノからなるシステムは急速に高付加価値化、高知能化していく。こうしたソフトを考慮したモノづくりこそ、21世紀型製造・サービス業の基本形になる。

　さらに、イノベーションを起こすためには、失敗する機会を与えることが重要である。日本人や日本の社会は、新しいイノベーションを起こそうとする際に、リスクを回避したがる傾向が強い。しかし、失敗を恐れて挑戦を避けていては、何も新しいものは生まれない。それゆえ、失敗に対する寛容さを目に見える形で与えることにより、挑戦を促すシステムを構築する必要がある。

　新たなビジネスを起す際に、「問題は機会となる。」ことを忘れてはならない。日本には、少子化、超高齢化に加え、サービス業や医療、農業など、さまざまな分野で他の先進諸国に比べ、生産性が著しく劣るという社会的課題がある。さらに、日本の政府や地方自治体、そして民間のあらゆる組織に存在する「縦割り型システム」は多く

の非効率性を生み、生産性向上を妨げる要因の一つになっている。これらの課題は、そのまま企業にとって機会になるとも考えられる。なぜなら、ITやIoTで採取されるデータの価値は、組織に属する一部の者のみが受益者になるわけではなく、利用の仕方次第で、組織全体に多くの利益をもたらす可能性が存在するからである。

　一般的に縦割り組織は柔軟性に欠け、多くの部署が関連する事業を起ち上げるには、たいへんな労力と時間を必要とする。こうした課題を解決するには、既存の枠組みを超え、データを使うことで今まで考えられなかったような発想や価値を導き出し、関与するありとあらゆる者が受益者となることを納得してもらい、組織内に賛同者を拡大しながら事業が進められるシステムを構築することが必要である。

　もはや、モノづくりのみでグローバル競争に勝つことが出来ないことは明白である。モノをネットワーク化、プラットフォーム化（IoT化）し、そこで採取される「データ」を活用（データベース化）して新たな価値をどのように創造するか（AI化）が、課題解決の最短・最善の方法と考えられる。

7.3　おわりに

　現在、自動車工場、部品工場、ロボット製作工場、半導体製造工場などで、高周波（10MHz）で信号採取を行うAE法を用いた、工場のスマート化（IoT/AI化）が急速に進行している。こうした概念は、世界で初めて2000年代初頭に、日本の企業で提示されたものであった。しかし、その後注目を浴びることなく、現在欧米諸国が主導する形（例えばドイツのIndustry 4.0や、アメリカのIIC（Industrial Internet Consortium））で、日本への再導入が図られようとしている。

　工場のスマート化は、単なるIoT化で完結するものではなく、大量に採取されるデータのデータベース化、AIによる解析・評価、そしてフィードバック、さらに工場内のみならず経営・運営部門を含め、関与するすべての手順を自動化するためのAI化を同時進行的に開発して初めて成立するものである。この分野のグローバル競争は、つい最近始まったと言ってよい状況にある。今後の対応と展開さえ誤らなければ、21世紀型製造／サービス業の分野で日本が主導的役割を果たし、経済全体の活性化と成長を促す起爆剤の一つになる可能性を秘めている。

　化学プラントのメンテナンスにおいて、状態を把握するために、様々なセンサーで採取される大量のデータが、解析・評価される。こうしたデータで構成されるデータ

ベースが、1980年代半ばより欧米で構築され、安全性を十分に確保しながら効率的なプラント操業を行うためのOS（オペレーティングシステム）として活用されている。現在、センサーで採取されるデータのIoT化が急速に進みつつあり、さらにプラントの状態マネジメントシステムと、企業の経営システムを統合しAI化することにより、最も安全性が高く効率的な操業を目指す試みが進行中である。こうしたプラント管理・操業に関するマネジメントシステムは、世界各地の数百を超えるプラントで適用されており、日々採取されるデータを逐次データベースに組み入れることで、システム全体の信頼性を高める作業が続いている。

社会基盤（橋梁などのインフラ）構造物の加齢化が、世界の先進国で大きな問題となっている。日本でも、2012年12月にトンネル内の天井板が落下する事故が発生し、人々の生活基盤を支える構造物の加齢・劣化の問題が、大きな注目を集めた。これを契機に、インフラ構造物の安全性確保のために劣化評価・モニタリング技術の開発が、焦眉の急となっている。

既に欧米ではこうした構造物のモニタリング方法として、AEによるIoTが広く適用されている。例えば、アメリカにおいて加齢化した大型吊り橋のAE法による連続モニタリングが、2000年代初頭から実施され、現時点でアメリカ、イギリスの20を超える吊り橋がモニターされている。また、PC（プレストレスト）コンクリート橋に関しては、日本で開発された基礎技術を基に、イギリスで2008年からAEモニタリングが始まり、現在も継続している。このほかに、電力輸送に関するスマートグリッドや原子力発電所、海洋構造物、風力発電施設、発電用ガス・蒸気タービンなどにおいて、AEによるIoTが実施され、安全性の確保と運転状況のモニタリングが行われている。近い将来、日本でも、こうした構造物のモニタリングに関して、IoTが重要な役割を果たすようになると考えられる。

日本は、欧米と異なり、極めてハイコンテクストな文化で構成された社会である。そこで培われた緻密性、進取性、先進性、潔癖主義、完全主義、職人気質、豊かな感性と勘、和の心（チームワーク）、おもてなしの心などは、今後経済的に重要度の増すインバウンドビジネスを発展させていくうえで、世界からの旅行者を引き付けるための貴重な資源になると考えられる。

しかしながら、日本社会が特徴的に持つ、合理性の欠如（非合理的精神主義の蔓延、客観性の欠如、データベースの軽視、実績主義、技術優位主義、ソフトウェア軽視）やマネジメントシステムの軽視（縦割り主義、視野狭窄（専門主義、たこつぼ主義）、

リスク回避主義、標準化の軽視（ISO など一般化・標準化の遅れ）、戦略性の欠如、ネットワーク化の遅れ、自前・身内主義）、そして舶来信仰（欧米への妄信、自己・他者評価能力の欠如）などは、IoT 化を進め、データベースを構築しながら解析・評価方法を開発し、それらを統合したデータ評価に基づく AI 化を進めていくうえで、様々な障害を発生させる危険性をはらんでいる。これらの最新技術を速やかに導入・発展させて活用し、グローバルな大競争に勝ち残るには、こうした日本的コンテクストが持つ特性を十分に知り、課題を解決可能なシステムを予め準備・構築しておく必要がある。

編著者紹介

湯山茂徳　略歴

東京大学工学部卒業（1976年3月）、フランス国立原子力研究所にて研修（1977年9月～1978年8月）、工学博士（東京大学1982年3月）、MISTRAS Group, Inc. 日本法人設立とともに代表取締役に就任（1983年11月）、博士（学術）（熊本大学1999年3月）、MISTRAS Group, Inc. のニューヨーク証券取引所上場により日本担当VP就任（2009年10月）、京都大学経営管理大学院特命教授（2011年4月～2018年3月）、現在日本フィジカルアコースティクス株式会社 代表取締役会長

編著者近影

共著者紹介

西本重人　略歴

関西大学大学院工学部卒業（1983年3月卒業）、JTEKT（旧光洋精工株式会社）の材料研究部に入社し、同社では主に軸受のAE挙動について研究。1996年9月に退社し、非破壊検査株式会社安全工学研究所に入社。同社ではAEの設備診断への適用に関し研究。2003年3月に退社し、現日本フィジカルアコースティクス株式会社に入社。入社後、西日本支社を設立し西日本支社長に就任。現在、日本フィジカルアコースティクス株式会社取締役社長。

安藤康伸　略歴

国立研究開発法人 産業技術総合研究所 機能材料コンピュテーショナルデザイン研究センター 研究員、2007年 東京大学 理学部 物理学科卒業、2009年東京大学 大学院理学系研究科 物理学専攻 修士課程修了、2012年 同大学院 博士後期課程修了、博士（理学）。産業技術総合研究所 産総研特別研究員、東京大学 工学部マテリアル工学科 助教を経て2016年より現職、専門は計算物質科学、物質情報科学、NPO法人 Class for Everyone 理事。

アコースティック・エミッション(AE)によるIoT／AIの基礎と実用例

2018年2月20日　初版発行

編　著	湯山茂徳
発行者	原　雅久
発行所	株式会社朝日出版社
	〒101-0065　東京都千代田区西神田3-3-5
	電話(03) 3263-3321（代表）
装　丁	カズミタカシゲ（こもじ）
DTP	フォレスト
編　集	田家　昇／近藤千明（第7編集部）
印　刷	協友印刷株式会社

万一落丁乱丁の場合はお取替えいたします。　　©Yuyama Shigenori 2018　Printed in Japan
ISBN：978-4-255-01066-3